高等学校交通运输与工程类专业规划教材

Hunningtu Jiegou Sheji Yuanli Xuexi Fudao

混凝土结构设计原理学习辅导

涂 凌 吴海军 任青阳 主编

人民交通出版社股份有限公司
China Communications Press Co.,Ltd.

内 容 提 要

本书是高等学校土木工程专业"混凝土结构设计原理"课程的学习参考用书,根据中华人民共和国国家标准和交通运输部颁发的现行《公路工程技术标准》(JTG B01)、《公路桥涵设计通用规范》(JTG D60)和《公路钢筋混凝土及预应力混凝土桥涵设计规范》(JTG 3362)等行业标准和规范编写。主要内容包括钢筋混凝土结构(第1~11章)及预应力混凝土结构(第12~14)的学习指导和综合练习,并附有参考答案。第15章为混凝土结构构件的课程设计。

本书可供学生学习"混凝土结构设计原理"课程之用,也可作为教师的教学参考用书。

图书在版编目(CIP)数据

混凝土结构设计原理学习辅导 / 涂凌,吴海军,任青阳主编. -- 北京：人民交通出版社股份有限公司,2018.8

ISBN 978-7-114-14947-4

Ⅰ.①混… Ⅱ.①涂… ②吴… ③任… Ⅲ.①混凝土结构 – 结构设计 – 高等学校 – 教学参考资料 Ⅳ.①TU370.4

中国版本图书馆 CIP 数据核字(2018)第 178224 号

高等学校交通运输与工程类专业规划教材

书　　名：混凝土结构设计原理学习辅导
著 作 者：涂　凌　吴海军　任青阳
责任编辑：卢俊丽
责任校对：刘　芹
责任印制：张　凯
出版发行：人民交通出版社股份有限公司
地　　址：(100011)北京市朝阳区安定门外外馆斜街 3 号
网　　址：http://www.ccpress.com.cn
销售电话：(010)59757973
总 经 销：人民交通出版社股份有限公司发行部
经　　销：各地新华书店
印　　刷：北京鑫正大印刷有限公司
开　　本：787×1092　1/16
印　　张：8.75
字　　数：203 千
版　　次：2018 年 8 月　第 1 版
印　　次：2018 年 8 月　第 1 次印刷
书　　号：ISBN 978-7-114-14947-4
定　　价：35.00 元

(有印刷、装订质量问题的图书由本公司负责调换)

高等学校交通运输与工程(道路、桥梁、隧道与交通工程)教材建设委员会

前　言

　　混凝土结构设计原理是土木工程专业重要的专业基础课,该课程的特点是既有系统的科学理论,又有很强的工程概念,而实际工程的复杂性使得本课程的内容十分丰富,具有概念多、公式多、符号多、难点多的特点,但课内学时被压缩得越来越短。基于上述情况,特编著本学习辅导教材,以帮助读者从更深层次上认识钢筋混凝土结构的力学行为,把握结构的性能及其规律,方便读者在课外复习巩固课程内容,培养其分析问题、解决问题的能力。

　　本书根据交通运输部《公路桥涵设计通用规范》(JTG D60—2015)(书中简称《公桥通规》)和《公路钢筋混凝土及预应力混凝土桥涵设计规范》(JTG 3362—2018)(书中简称《公路桥规》)编写。书中对钢筋混凝土结构(第1~11章)及预应力混凝土结构(第12~14章)构件设计主要内容及其重点、难点进行了梳理讲解,编写了多种形式的练习题,并附有参考答案。其中带"☆"号的题目难度较大,可酌情选做。另外本书编入了钢筋混凝土梁和预应力混凝土梁的课程设计供选用。同时为方便读者进行工程制图,还附上了常用的工程制图标准。

　　本书第1,3~5,9~11章由涂凌编写;第2,12~14章由吴海军编写;第6~8章由任青阳编写;第15章由涂凌、吴海军编写。

　　在本书编写过程中,参考了多种相关的教学辅导资料,在此一并对作者表示感谢。

　　由于编者水平有限,书中存在的错误和不当之处,恳请读者批评指正,联系方式为:涂凌:linda@cqjtu.edu.cn;吴海军:583921237@qqcom;任青阳:115598097@qq.com。

编　者
于重庆交通大学
2018 年 3 月

目　　录

第1章 钢筋混凝土结构的基本概念及材料的物理力学性能

1.1 学习指导

本章主要讲述了钢筋混凝土结构的基本概念、钢筋和混凝土两种材料的物理力学性能、钢筋与混凝土之间的粘结作用。

通过本章学习,应建立起钢筋混凝土结构的基本概念,理解混凝土中配置受力钢筋的作用;理解混凝土的强度及变形特点;掌握热轧钢筋的强度级别和品种,理解热轧钢筋的强度和变形性能;理解钢筋与混凝土之间的粘结性能。

1.1.1 本章主要内容及学习要求

1)钢筋混凝土结构的基本概念

在素混凝土梁中加入适量受拉钢筋不仅能提高梁的承载力,还能提高其变形能力;钢筋混凝土梁中由钢筋承担拉应力,混凝土承担压应力,充分发挥了两种材料的特长。

钢筋混凝土构件中受力钢筋的主要作用是代替混凝土受拉和协助混凝土受压。

钢筋与混凝土能有效地结合在一起共同工作是有前提的,共同工作的三个条件缺一不可,对此应深刻理解。

2)混凝土

混凝土是一种非匀质、各向异性、离散性、抗压强度高的弹塑性材料,其破坏是由于内部微裂缝引起的,对混凝土的这些特性要有清醒的认识,因为后面所讨论的混凝土强度及变形性能都与此有关。

混凝土的强度包括单轴应力及复合应力作用下的强度。对于混凝土的单轴强度,应掌握每个强度指标的定义及其相互之间的关系。特别是作为衡量混凝土强度等级的立方体抗压强度,要了解试验条件、微裂缝发展机理及套箍作用、尺寸效应等对其试验值的影响。对于混凝土在复合应力作用下的强度,迄今为止还没有统一的强度理论,故学习的重点是要掌握其变化规律。

学习中应深刻理解混凝土在一次单调加载作用下的变形性能。熟悉混凝土应力–应变曲线的形状、各阶段的受力特点,曲线上三个特征值分别为峰值应力(即混凝土抗压强度)、峰值应变、极限压应变,要理解这三个特征值的含义。了解弹性模量与变形模量的定义及相互关系。

混凝土徐变和收缩变形是混凝土非常重要的性质,它们都是混凝土随时间而增长的变形,区别在于徐变是混凝土受力后才会产生的,而收缩变形与混凝土是否受力无关。应了解徐变和收缩变形的产生原因及影响因素。而最应重点关注的是混凝土徐变和收缩变形对结构构件的影响,这些影响并不总是不利的。

3)热轧钢筋

现行《公路桥规》规定,公路桥梁钢筋混凝土结构使用的热轧钢筋牌号为 HPB300、HRB400、HRBF400、RRB400、HRB500。

普通热轧钢筋的应力-应变曲线分为四个阶段:弹性阶段、屈服阶段、强化阶段、破坏阶段。曲线上有三个特征值,分别为屈服强度、极限抗拉强度及伸长率。钢筋应力达到屈服强度的同时将产生很大的塑性变形,置于钢筋混凝土构件中的钢筋屈服会导致构件混凝土出现过宽的裂缝,不能满足构件适用性和耐久性的要求,因此把屈服强度作为钢筋强度取值的依据。而屈强比这个指标反映了钢筋强度储备的大小,要求热轧钢筋的屈强比不大于 0.8。对于普通热轧钢筋的上述性质应理解透彻。

把钢筋的屈服强度作为强度取值的依据后,普通热轧钢筋的应力-应变曲线可简化为双折线——理想的弹塑性应力-应变关系,即屈服前的钢筋可看作完全弹性的材料,屈服后的钢筋为完全塑性的材料。

钢筋混凝土结构对钢筋性能的要求是:足够的强度和适宜的屈强比、足够的塑性变形能力、良好的可焊性、与混凝土之间有足够的粘结力。

4)钢筋与混凝土之间的粘结

在钢筋混凝土结构中,钢筋和混凝土这两种材料能共同工作的基本前提是具有足够的粘结强度,因此理解钢筋与混凝土之间的粘结性能是很有必要的。

粘结应力是沿钢筋与混凝土接触面上由于两者的变形差(相对滑移)所产生的剪应力,粘结失效时的平均粘结应力定义为粘结强度。

钢筋与混凝土之间的粘结力主要由三部分组成:混凝土与钢筋表面的化学胶着力、钢筋与混凝土接触面上的摩擦力、钢筋表面粗糙不平产生的机械咬合作用。

确切地讲,锚固长度是指保证钢筋在屈服前不被拔出的、从钢筋不受力点所延伸的埋置长度。根据这个定义,可以推导出各级钢筋所需的最小锚固长度。

在理解了影响粘结强度的因素后,就能更好掌握据此提出的保证粘结的构造措施。

1.1.2 本章的难点及学习时应注意的问题

(1)本课程实践性较强,大家在学习中应尽可能多地将理论与实际相结合,可以通过参观材料实验室、结构实验室、预制厂、施工工地,丰富自己的感性认识。

(2)本章是学习钢筋混凝土结构设计原理的基础,其中钢筋和混凝土材料的物理力学性能在建筑材料课程中有相关论述,可阅读参考。

(3)混凝土作为一种非匀质、离散性大的弹塑性材料,其性质相当复杂,本章讨论的混凝土物理力学性能将应用在后续章节的分析计算中,因此对混凝土的各种性质应从现象、原因、影响因素、对结构构件的影响等几个方面去深刻理解,以利于今后的学习。

(4)本章学习的难点是钢筋与混凝土之间的粘结性能,这个问题较为复杂,本科阶段需要理解粘结力的构成、影响粘结强度的因素及保证粘结的措施,更深入地学习可参考研究生教材,如《高等钢筋混凝土理论》等。

1.2　综　合　练　习

1. 单项选择题

(1) 混凝土的受压破坏(　　　)。

　　A. 取决于集料的抗压强度

　　B. 取决于集料的弹性模量

　　C. 是水泥砂浆的强度耗尽造成的

　　D. 是内部裂缝累积并贯通造成的

(2) 混凝土的强度等级是根据(　　　)确定的。

　　A. 立方体抗压强度标准值

　　B. 立方体抗压强度设计值

　　C. 轴心抗压强度标准值

　　D. 轴心抗压强度设计值

(3) 工地上利用边长为100mm的立方体试块测得其抗压强度值为32 MPa,则评定混凝土强度等级时,其强度应取为(　　　)。

　　A. 32 MPa　　　　　　　　　　　　　　B. 30.4 MPa

　　C. 33.6 MPa　　　　　　　　　　　　　D. 21.4 MPa

(4) 下列混凝土强度关系中,正确的一组是(　　　)。

　　A. $f_c > f_{cu} > f_t$　　　　　　　　　　　B. $f_c > f_t > f_{cu}$

　　C. $f_{cu} > f_c > f_t$　　　　　　　　　　　D. $f_{cu} > f_t > f_c$

(5) 混凝土在应力状态(　　　)下,其抗压强度比单轴抗压强度高。

　　A. 一向受拉一向受压　　　　　　　　　B. 一向受剪一向受压

　　C. 双向受拉　　　　　　　　　　　　　D. 双向受压

(6) 混凝土在双向受压时,两个方向的应力比(　　　)时,其抗压强度最高。

　　A. $\sigma_1/\sigma_2 = 1$　　　　　　　　　　　B. $\sigma_1/\sigma_2 = 0.5$

　　C. $\sigma_1/\sigma_2 = 0.25$　　　　　　　　　D. $\sigma_1/\sigma_2 = 1.5$

(7) 混凝土双向受拉时的抗拉强度(　　　)。

　　A. 比单轴抗拉强度低

　　B. 比单轴抗拉强度高

　　C. 与单轴抗拉强度近似相等

(8) 随混凝土强度等级提高,其(　　　)减小。

　　A. 轴心抗压强度

　　B. 原点弹性模量

　　C. 极限压应变

(9) 在应力较小时,混凝土徐变的主要原因是(　　　)。

　　A. 微细裂缝的发展

B. 集料的弹性变形

C. 凝胶体的粘性流动

（10）当压应力（　　　）时,混凝土的徐变为非线性徐变。

A. $\sigma \leqslant 0.5 f_c$　　　　　　　　B. σ 介于 $(0.5 \sim 0.8)f_c$ 之间

C. $\sigma > 0.8 f_c$　　　　　　　　　　D. $\sigma > f_c$

☆（11）钢筋混凝土预制板放置于地面上养护过程中,发现其表面出现微细裂缝,究其原因可能是（　　　）。

A. 混凝土徐变的影响

B. 混凝土收缩变形的影响

C. 板自重作用产生的影响

D. 混凝土与钢筋之间因热胀冷缩产生变形差的影响

（12）国家标准规定热轧钢筋的屈强比（　　　）。

A. 不大于 0.8　　　　　　　　　B. 不小于 0.8

C. 不大于 0.85　　　　　　　　　D. 不小于 0.85

（13）钢筋与混凝土的粘结作用主要由三部分组成,其中（　　　）不包括在内。

A. 化学胶着力　　　　　　　　　B. 摩阻力

C. 拔出力　　　　　　　　　　　D. 机械咬合力

☆（14）下列说法正确的是（　　　）。

A. 加载速度越快,测得的混凝土立方体抗压强度越低

B. 混凝土棱柱体试件的高宽比越大,测得的抗压强度越高

C. 混凝土立方体试件比棱柱体试件能更好地反映混凝土的实际受压情况

D. 混凝土试件与试验机承压板间的摩擦力使测得的混凝土抗压强度提高

2. 判断题

（1）素混凝土梁的抗弯承载力取决于混凝土的抗拉强度。（　　　）

（2）在素混凝土梁中加入适量受拉钢筋不仅能提高梁的承载力,还能提高其变形能力。（　　　）

（3）混凝土的破坏是由于其内部微裂缝发展所导致的。（　　　）

（4）对混凝土内部裂缝的发展采取约束措施可以提高其抗压强度。（　　　）

（5）混凝土的抗拉强度及抗压强度均随混凝土强度等级的提高而线性增长。（　　　）

（6）混凝土的抗压强度由于剪应力的存在而降低。（　　　）

（7）混凝土在不受力时也会产生变形。（　　　）

☆（8）在实测徐变时,对混凝土试件施加一个不变的压应力,测得随时间而增加的应变值即为混凝土的徐变。（　　　）

☆（9）混凝土徐变对钢筋混凝土构件产生的影响是不利的。（　　　）

（10）混凝土的收缩和徐变总是伴随发生的。（　　　）

（11）有明显屈服点的钢筋强度取值的主要依据是其屈服强度。（　　　）

（12）光面钢筋与混凝土之间不存在机械咬合力。（　　　）

（13）为保证光面钢筋的粘结强度,光面受力钢筋末端必须做成半圆弯钩。（　　）

（14）钢筋之间水平方向的净距是影响钢筋与混凝土粘结强度的重要因素之一。（　　）

（15）混凝土保护层越薄,沿纵筋方向越容易产生劈裂裂缝。（　　）

3. 填空题

（1）钢筋混凝土构件中钢筋的主要作用是_____或_____。

（2）以每边边长为_____的立方体为标准试件,在温度为_____和相对湿度在_____以上的潮湿空气中养护_____天,依照标准制作方法和试验方法测得的抗压强度值(以 MPa 为单位)作为混凝土的立方体抗压强度,用符号_____表示。

（3）强度等级为_____以下的混凝土属于普通混凝土,_____及以上属于高强混凝土,主要用在_____构件中。

（4）在实际工程中,如采用边长为 100mm 的立方体试件测试混凝土立方体强度值,则测试值应乘以_____的换算系数。

（5）在混凝土立方体抗压强度试验中,不涂润滑剂时,由于_____作用的影响,所测得的抗压强度值_____。

（6）在混凝土立方体抗压强度试验中,试件的尺寸越_____,所测得的抗压强度值越_____。

（7）混凝土棱柱体试件测得的抗压强度比立方体试件低,主要是因为_____。

（8）混凝土在三向受压时,不仅其_____会提高,其_____也会提高。

（9）混凝土随其强度等级的提高,其抗压强度越_____、弹性模量越_____、极限压应变越_____、延性越_____。

（10）混凝土是一种人工石,其_____强度很高、_____强度很低;_____强度只有_____强度的_____分之一。

（11）混凝土在一次单调加载作用下的应力－应变曲线分为_____段、_____段和_____段,曲线上三个特征值分别是_____、_____和_____,其中_____是混凝土的延性指标。

（12）混凝土的变形模量有三种表示方法,分别是_____、_____、_____。

（13）当压应力 $\sigma_c \leq 0.5 f_c$ 时,混凝土的徐变与_____成正比,称为_____徐变。

（14）当混凝土的收缩受到_____时,会产生收缩应力。

☆（15）浇筑大体积混凝土时,设后浇带是为了_____,_____。

（16）公路工程中所用热轧钢筋牌号有_____、_____、_____、_____、_____五种,按其外形可分为_____、_____两类。

（17）热轧钢筋的公称直径是指_____。

（18）热轧钢筋单调加载时的应力－应变曲线可分为四个阶段,分别是_____、_____、_____、_____;曲线上有三个特征值分别是_____、_____和_____,其中_____是反映钢筋的塑性指标。

（19）热轧钢筋的屈强比是指_____之比,要求其值_____是为了保证钢筋有足够的_____。

（20）检验钢材塑性变形性能的两个指标是_____和_____。

（21）钢筋随其强度的提高,塑性_____。

（22）钢筋混凝土结构对钢筋性能的要求有:_____、_____、_____、_____。

（23）钢筋与混凝土之间的粘结力由_____、_____、_____三部分构成。

4. 简答题

（1）钢筋和混凝土能有效地结合在一起共同工作的原因是什么?

（2）我国国家标准《普通混凝土力学性能试验方法标准》(GB/T 50081)中对混凝土立方体抗压强度值的试验方法是怎样规定的? 为什么要作这样严格的规定? 什么是"尺寸效应"及"套箍作用"?

（3）试绘制混凝土棱柱体在一次短期加载时的应力 – 应变曲线,标出各特征值并说明其意义。

（4）根据不同强度等级混凝土的应力 – 应变曲线,对其各项性能指标进行对比分析。

（5）试绘出有明显屈服点的钢筋的应力 – 应变曲线,标出各特征值并说明其意义。为什么要规定钢筋的屈强比限值?

（6）钢筋混凝土结构对所采用钢筋的性能有哪些要求?

（7）影响粘结强度的因素有哪些?

☆（8）为什么混凝土在三向受压时其抗压强度会大大提高? 在实际工程中我们如何利用混凝土的这种性质?

☆（9）保证钢筋与混凝土粘结的构造措施有哪些?

☆（10）钢筋的锚固长度是根据什么原则确定的?

第2章 结构按极限状态法设计计算的原则

2.1 学习指导

本章主要介绍了结构设计方法的演变过程,重点介绍了极限状态设计方法的概念及《公路桥规》的结构设计计算原则,即承载能力极限状态和正常使用极限状态计算原则,这是公路桥涵设计的基本准则。学习本章的目的是为了使读者了解结构设计计算的基本原理,掌握现行设计规范的要求及计算原则。

2.1.1 本章主要内容及学习要求

本章涉及的概念及知识较多,利用了材料力学、建筑材料、数理统计及概率论等相关基础知识,有一定的理论难度。本章内容主要有:

(1)钢筋混凝土结构设计方法的演变;

(2)概率极限状态设计法的概念;

(3)《公路桥规》的结构设计计算方法;

(4)材料强度的取值;

(5)作用、作用的代表值和作用效应组合。

1)钢筋混凝土结构设计方法的演变

(1)结构计算理论发展阶段:以弹性理论为基础的容许应力计算法→考虑钢筋混凝土塑性性能的破坏阶段计算法→半经验、半概率的"三系数"(荷载系数、材料系数、工作条件系数)极限状态设计法→以结构可靠性理论为基础的概率极限状态设计法(又分为三个水准:水准Ⅰ——半概率设计法,水准Ⅱ——近似概率设计法,水准Ⅲ——全概率设计法)。

(2)当前国际上将结构概率设计法按精确程度不同,分为水准Ⅰ、水准Ⅱ和水准Ⅲ,分别对应着半概率设计法、近似概率设计法和全概率设计法。在我国,工程结构设计广泛采用的是以概率理论为基础,以分项系数表达的极限状态设计法——近似概率设计法(即水准Ⅱ)。

2)概率极限状态设计法的概念

(1)一般来讲,工程结构在规定的使用设计年限内应满足安全性、适用性和耐久性的功能要求。结构在规定的时间内,在规定的条件下,完成预定功能的能力,称为结构可靠性。度量结构可靠性的数量指标称为可靠度。

(2)结构在使用期间的工作情况,称为结构的工作状态。当结构能够满足各项功能要求而良好工作时称为结构可靠,反之称为结构失效。结构工作状态是处于可靠还是失效的标志,用极限状态来衡量,国际上一般将结构的极限状态分为承载能力极限状态、正常使用极限状态和"破坏-安全"极限状态三类。

(3)结构可靠度设计的目的,就是使结构处于可靠状态,至少也应处于极限状态。用功能函数可以表示结构的可靠性。结构可靠指标 β 是失效概率 P_f 和可靠概率的度量,它们具有一一对应的数量关系,可靠指标越高,失效概率越小。

(4)结构可靠度可用失效概率 P_f 来描述和度量,也可用可靠指标 β 来描述和度量。工程上,目前常用 β 表示结构的可靠程度,并称之为结构的可靠指标。

(5)规范所采用的目标可靠指标 β_T 是在对原规范"校准"的基础上得出的,也就是说,现行规范所具有的可靠(安全)度水平在总体上是与原规范相当的。我国《公路桥规》采用的是近似概率极限状态设计法,具体设计计算应满足承载能力和正常使用两类极限状态的各项要求。

(6)要将传统设计方法(主要是材料力学课程中学习到的匀质弹性体的容许应力法)与极限状态设计理论之间的不同本质理解清楚;把承载能力极限状态与正常使用极限状态两者的不同点区别清楚。

3)《公路桥规》的结构设计计算方法

(1)公路桥涵结构的设计状况

①设计状况是结构从施工到使用的全过程中,代表一定时段的一组物理条件,设计时应做到使结构在该时段内不超越有关极限状态,一般分为持久状况、短暂状况、偶然状况及地震设计状况。由于持续时间、影响程度、出现概率的不同,不同的设计状况需要进行的极限状态计算的要求及内容不同。

②持久状况持续的时间很长,结构可能承受的作用(或荷载)在设计时均需考虑,需接受结构是否能完成其预定功能的考验,因而必须进行结构承载能力极限状态和正常使用极限状态的设计。

③短暂状况一般只进行承载能力极限状态计算(规范中以计算构件截面应力表达),必要时才作正常使用极限状态计算。

④偶然状况出现的概率极小,且持续的时间极短,结构在极短时间内承受的作用以及结构可靠度水平等在设计中都需特殊考虑。

⑤地震设计状况是考虑结构遭受地震时的设计状况,在抗震设防地区的公路桥涵必须考虑地震状况。

(2)承载能力极限状态计算的一般表达式

①公路桥涵承载能力极限状态是对应于桥涵及其构件达到最大承载能力或出现不适于继续承载的变形或变位的状态。

②公路桥涵进行持久状况承载能力极限状态设计时,为使桥涵具有合理的安全性,根据桥涵结构破坏所产生后果的严重程度,划分为三个安全等级进行设计,其结构重要性系数分别取1.1、1.0 和 0.9。

③《公路桥规》规定桥梁构件承载能力极限状态的计算以塑性理论为基础,设计的原则是作用效应最不利组合(基本组合)的设计值必须小于或等于结构抗力的设计值。在进行承载能力极限状态计算时,作用(或荷载)的效应(其中汽车荷载应计入冲击系数)应采用其组合设计值;结构材料性能采用其强度设计值。

④公路桥涵正常使用极限状态是指对应于桥涵及其构件达到正常使用或耐久性的某项限值的状态。其中,公路桥涵的持久状况设计按正常使用极限状态的要求进行计算,是以结构弹性理论或弹塑性理论为基础。采用作用(或荷载)的频遇组合、准永久组合并考虑长期效应组

合的影响。对构件的混凝土抗裂、裂缝最大宽度和挠度变形进行验算,并使各项计算值不超过《公路桥规》规定的各相应限值。

4)材料强度的取值

(1)为了在设计中合理取用材料强度值,《公路桥规》对材料强度采用了标准值和设计值。

(2)材料强度标准值是由标准试件按标准试验方法经数理统计以概率分布的 0.05 分位值确定的强度值。材料强度设计值是材料强度标准值除以材料性能分项系数后的值,材料分项系数,根据不同材料,采用构件可靠度指标达到规定的目标可靠指标及工程经验校准来确定。

5)作用、作用的代表值和作用效应组合

(1)结构上的作用按其随时间的变异性和出现的可能性可分为四类,即永久作用(恒载)、可变作用、偶然作用和地震作用。

(2)作用的标准值是结构或结构构件设计时采用各种作用的基本代表值。永久作用采用标准值作为代表值。

(3)正常使用极限状态按频遇组合设计,采用频遇值为可变作用的代表值。可变作用频遇值为可变作用标准值乘以频遇值系数,《公路桥规》将频遇值系数用 ψ_{f1} 表示。

(4)结构在正常使用极限状态按准永久组合设计时采用准永久值作为可变作用的代表值,实际上是考虑可变作用的长期作用效应而对标准值的一种折减,计为 $\psi_{qi}Q_k$,其中折减系数 ψ_{qi} 称为准永久值系数。

(5)采用作用组合是为了考虑同时施加在结构上的各个作用对结构受力的共同影响。作用效应最不利组合是指所有可能的作用效应组合中对结构或结构构件产生总效应最不利的一组作用效应组合。

(6)《公路桥规》规定按承载能力极限状态设计时,应根据各自的情况选用基本组合和偶然组合中的一种或两种作用效应组合。

(7)《公路桥规》规定按正常使用极限状态设计时,应根据不同结构不同的设计要求,选用以下一种或两种效应组合:

①作用频遇组合是永久作用标准值效应与可变作用频遇值效应的组合。

②作用准永久组合是永久作用标准值效应与可变作用准永久值效应相组合。

2.1.2　本章的难点及学习时应注意的问题

(1)应该对结构的功能要求,结构的安全等级,设计使用年限和设计基准期、极限状态、荷载效应 S、结构构件抗力 R、失效概率 P_f、可靠指标 β、目标可靠指标 β_T 等概念有正确认识。

(2)本章主要讨论工程结构设计的基本原则,为以后各基本构件的设计计算奠定有关结构可靠(安全)性方面的基础。学习时应着重于对结构设计方法、强度取值、作用取值及组合原则本质的理解,掌握应用规范方法进行承载能力极限状态和正常使用极限状态作用组合计算的能力。

(3)钢筋混凝土计算理论经历了从"容许应力法""破损阶段法"到"极限状态法"的发展过程。由于极限状态法能全面衡量结构的功能,所以目前已为大多数国家的混凝土结构设计规范所采用,而且设计表达式也大多采用多个分项系数的形式。但是这个多系数的极限状态计算的基础并不一定就是近似概率法(水准Ⅱ),不少国家规范的分项系数仍然是根据传统工程经验定出的。

(4)设计使用年限是描述结构功能要求及结构可靠性的重要指标,是设计规定的结构或结构构件不需进行大修即可按预定目的使用的年限。现行公路规范规定了公路桥涵主体结构和可更换构件的设计使用年限。设计基准期是结构可靠度计算的另一时间域,它与设计使用年限是不同的概念。设计基准期的选择,不考虑环境作用下与材料性能老化等相联系的结构耐久性,而仅考虑可变作用随时间变化的设计变量取值大小。设计使用年限是与结构适用性失效的极限状态相联系的。公路桥梁结构的设计基准期统一取为100年。

(5)由于用近似概率法推求可靠指标十分复杂,并且需要获得每个随机变量的大量统计信息才能运算,所以难以直接在工程设计中应用。规范就采用了实用的设计表达式,表达式中包含了多个分项系数或组合系数。设计人员只要正确地按规范给出的分项系数或安全系数数值代入表达式,所设计出的结构构件,其隐含的可靠指标值就能满足$\beta \geq \beta_T$的条件。

(6)保证结构构件在运营期间不超过承载能力极限状态是结构安全与否的前提,因此对任何结构构件都必须进行承载能力极限状态的计算,它所要求的可靠度水平相对要高一些。而正常使用极限状态则是在满足承载力条件前提下的附加验算,即使满足不了,也只是影响结构的正常使用及影响结构的耐久性,而不致立即危及结构的安全,所以它所要求的可靠度水平可低一些。

(7)我国各行业的设计规范虽都采用了多系数的极限状态设计表达式,但采用的分项系数及系数的取值各有不同,这是需要注意的,各规范的系数必须自身配套使用,不能彼此混用。感兴趣的同学,可以将《公路桥规》极限状态设计表达式与建筑、铁路、水工结构相关混凝土结构设计规范表达式进行对比,了解由于行业特点不同,设计表达式的不同。

2.2 综 合 练 习

1. 单项选择题

(1)荷载效应S、结构抗力R为两个独立的随机变量,其功能函数$Z = R - S$,则(　　)时结构可靠。

    A. $Z > 0$ B. $Z = 0$

    C. $Z < 0$

(2)结构或构件按承载能力极限状态设计时,同一安全级别下的目标可靠指标β_T与破坏类型的关系为(　　)。

    A. 延性破坏时β_T等于脆性破坏时β B. 延性破坏时β_T大于脆性破坏时β

    C. 延性破坏时β_T小于脆性破坏时β D. β_T与破坏类型无关

(3)结构的可靠指标β与失效概率P_f的关系为(　　)。

    A. β越小,P_f越小   B. β越小,P_f越大

    C. 两者无关

☆(4)某受弯构件按规范进行正截面和斜截面承载力计算时刚好满足,则一旦破坏(　　)。

A. 正截面和斜截面同时破坏 B. 发生正截面破坏的可能性较大

C. 发生斜截面破坏的可能性较大

☆(5)结构或构件在使用中可能出现以下几种情况,其中(　　)属于超过了正常使用极限状态。

A. 水池结构因开裂引起渗漏 B. 梁因配筋不足造成断裂破坏

C. 施工中过早拆模造成楼板坍塌 D. 偏心受压柱失稳破坏

(6)硬钢的标准强度是指它的(　　)。

A. 极限抗拉强度 B. 屈服强度

C. 协定流限 D. 设计强度

(7)结构的重要性系数是根据结构的(　　)分别取 1.1、1.0、0.9。

A. 耐久性等级为一、二、三级 B. 抗震等级为一、二、三级

C. 桥涵跨度的大小 D. 安全等级为一、二、三级

(8)钢筋混凝土结构承载力极限状态设计计算中取用的荷载设计值 Q 与其相应的标准值 Q_k、材料强度设计值 f 与其相应的标准值 f_k 之间的关系为(　　)。

A. $Q > Q_k$, $f > f_k$ B. $Q < Q_k$, $f < f_k$

C. $Q < Q_k$, $f > f_k$ D. $Q > Q_k$, $f < f_k$

(9)结构出现下列哪一种情况时,可以认为此时结构已达到其承载力极限状态?(　　)

A. 出现了过大的振动 B. 裂缝宽度过大已使钢筋锈蚀

C. 由于过度变形而丧失了稳定 D. 产生了过大的变形

(10)结构可靠性是指(　　)。

A. 安全性 B. 适用性 C. 耐久性 D. A、B 及 C

2. 判断题

(1)结构构件因过大变形而不适于继续承载,即认为超过了承载能力极限状态。(　　)

(2)结构设计中引进可靠指标后就可以保证结构绝对不会出现失效的情况。(　　)

(3)恒载的代表值有标准值、组合值、准永久值。(　　)

(4)只要严格按照规范进行设计,计算和构造不出任何差错,就能绝对保证结构的可靠性(即失效概率为0)。(　　)

(5)《公路桥规》中对于同一构件在进行承载能力极限状态和正常使用极限状态计算时,采用同一可靠指标 β。(　　)

(6)荷载的设计值肯定高于标准值。(　　)

3. 填空题

(1)结构的功能要求包括_____、_____和_____要求。

(2)公路桥涵结构按承载能力极限状态设计时,应采用以下三种作用效应组合:_____、_____、_____。公路桥涵结构按正常使用极限状态设计时,应采用以下两种作用效应组合:_____、_____。

(3)结构可靠度设计的目的就是要使所设计的结构在规定的时间内能够在具有足够_____的前提下,完成_____的要求。

(4)结构能够满足各项功能要求而良好地工作,称为结构_____,反之则称为_____,结构工作状态是处于可靠还是失效的标志用_____来衡量。

(5)国际上一般将结构的极限状态分为三类:_____、_____和_____。

(6)正常使用极限状态的计算,是以弹性理论或弹塑性理论为基础,主要进行以下三个方面的验算:_____、_____和_____。

(7)公路桥涵设计中所采用的作用按其随时间的变异性和出现的可能性分为如下几类:_____、_____、_____和_____。

(8)我国《公路桥规》根据桥梁在施工和使用过程中面临的不同情况,规定了结构设计的四种状况:_____状况、_____状况、_____状况和_____状况。

(9)《公路桥规》规定受力构件的混凝土强度等级应按下列规定采用:钢筋混凝土构件不应低于_____,用 HRB400、KL400 级钢筋配筋时,不应低于_____;预应力混凝土构件不应低于_____。

(10)结构或结构构件设计时,针对不同设计目的所采用的各种作用规定值即称为作用代表值。作用代表值包括作用_____、_____、_____和_____。

4. 简答题

(1)什么是结构的极限状态? 结构的极限状态分为哪几种?

(2)以概率论为基础的极限状态设计法的基本思路是什么? 目前国际上以概率论为基础的设计方法分为哪三个水准? 我国《公路桥规》采用了哪个水准的设计方法?

(3)结构的设计状况分为哪几种? 各应进行哪几种极限状态设计?

(4)什么是作用的标准值? 什么是可变作用的频遇值? 什么是作用的准永久值?

(5)什么是材料强度的标准值? 其保证率是多少?

(6)结构可靠性的含义是什么? 它包括哪些方面的功能要求? 结构安全等级是按什么原则划分的?

(7)什么是结构可靠性? 什么是结构可靠度?

(8)结构构件的抗力与哪些因素有关? 为什么说构件的抗力是一个随机变量?

(9)什么是材料强度标准值、材料强度设计值? 如何确定的?

(10)什么是失效概率? 什么是可靠指标? 它们之间的关系如何?

(11)什么是结构构件延性破坏? 什么是脆性破坏? 在可靠指标上如何体现它们的不同?

第3章 受弯构件正截面承载力计算

3.1 学习指导

在实际工程中,梁和板是典型的受弯构件,本章学习受弯构件在弯矩作用下的正截面承载力计算方法。受弯构件是钢筋混凝土结构构件中最基本的一种,掌握了它的理论分析和计算方法,以后相关的内容就能够举一反三,因此一定要把本章内容深刻领悟、熟练掌握,才能融会贯通。

通过本章学习,应能深刻理解梁正截面的受弯性能及破坏形态,熟练进行单筋矩形截面、双筋矩形截面和T形截面受弯构件的正截面承载力计算。

3.1.1 本章主要内容及学习要求

1)受弯构件的截面形式与构造

掌握受弯构件的主要构造,熟练掌握混凝土保护层厚度和纵向受力钢筋之间净距的要求。

理解和掌握划分单向板和双向板的方法,特别要搞清楚单向板的受力方向,这关系到受力钢筋的布置方位,如果在板截面配筋图中把受力主钢筋和分布钢筋的方位表示反了,将会导致板的抗弯承载力不足。

2)受弯构件正截面受力全过程和破坏形态

受弯构件正截面承载力计算理论是建立在试验研究基础上的,因此应深刻理解正截面受弯的试验结果。通过试验得到两个重要结果,一是适筋梁正截面受弯的荷载－挠度曲线,二是梁正截面上的混凝土应变分布规律。

根据适筋梁正截面受弯的荷载－挠度曲线将其受力过程分为三个阶段,各阶段的受力特征包括梁的裂缝、挠度、刚度、钢筋应力的发展变化等等,对我们了解受弯构件正截面受力性能和后续的设计计算是至关重要的,因此学习中要求能正确绘制荷载－挠度曲线并能进行深入分析,概括出其变化规律。

梁正截面上的混凝土平均应变沿高度的分布近似符合平截面假定,这一结论很重要,它是推导梁正截面上应力分布的前提,有了梁正截面上的应力分布,才能进一步推导出受弯构件正截面承载力计算的基本公式。

应深刻理解受弯构件三种破坏形态的特征和破坏性质,并分析得出设计时应控制设计适筋梁、尽量避免采用超筋梁、不允许采用少筋梁的重要结论。

3)受弯构件正截面承载力计算的基本原则

正截面承载力计算的基本假定是推导出正截面承载力计算公式的前提条件。受压区混凝土等效矩形应力图是为了简化设计计算引入的。要搞清楚受压区实际高度x_c、受压区计算高度x、受压区相对高度ξ的不同和三者之间的换算关系。

正截面承载力计算公式是根据正截面承载力计算图式推导得来的。在计算中用到基本公式时，并不需要死记硬背，要学会分析截面的受力情况，绘出计算简图，然后根据力和力矩的平衡方程自行推导出计算公式。掌握了这种方法，将有助于今后进行复杂受力构件的承载力计算。

为防止设计超筋梁，应满足截面受压区高度 $x \leq \xi_b h_0$ 的限制条件，其中相对界限受压区高度 ξ_b 是根据受弯构件发生界限破坏时的条件，即纵向受拉钢筋和受压区混凝土同时达到其强度设计值，并依据平截面假定推导得出的。当给定钢筋种类和混凝土强度等级时，根据 ξ_b 可求得相应的受拉钢筋配筋率 ρ_b，ρ_b 即为受弯构件的最大配筋率。因此，截面受压区高度的限制条件也就是限制构件的配筋率。超过这个限制条件，受弯构件有可能发生超筋破坏。

梁最小配筋率的确定原则是：采用最小配筋率 ρ_{min} 的钢筋混凝土梁正截面承载力 M_u 等于同样截面尺寸、同样材料的素混凝土梁正截面的开裂弯矩。

4）单筋矩形截面受弯构件计算

熟练掌握单筋矩形截面受弯构件的正截面承载力计算方法，包括截面设计与截面复核的方法；要掌握在计算中如不满足某个适用条件时应采取何种措施进行处理。要注意设计计算完成后应选配钢筋并按比例绘制配筋图，这一过程中要考虑的因素较多，如保护层厚度、钢筋的净距要求等，对于初学者来说需要一个熟悉的过程，随着练习次数的增多，会越来越得心应手。

另外要注意的是，进行截面设计时，在满足设计要求的前提下可以有多种设计方案，如所选截面尺寸偏大，则配筋率偏小；截面尺寸偏小，则配筋率偏大。此时为了优化设计，可参考经济配筋率指标，即当纵筋配筋率控制在经济配筋率范围内时，构件的造价较低。

5）双筋矩形截面受弯构件计算

双筋截面的使用场合主要有两个：一是在截面承受的弯矩组合设计值较大，采用单筋截面出现 $\xi > \xi_b$，而梁截面尺寸受到使用条件限制或混凝土强度又不宜提高的情况下；二是当截面承受异号弯矩时。虽然配置受压钢筋协助混凝土受压不经济，但是双筋截面具有延性较好的优点，对构件抗震有利。另外，受压钢筋可以抑制混凝土的徐变，使构件的长期变形较小。

双筋截面的设计计算与单筋截面类似，其中要重点理解的是正截面破坏时受压钢筋的应力取值，其值与受压区高度 x 有关。因此在计算中要根据受压区高度 x 判断受压钢筋的应力是否能够达到屈服，对未能达到屈服的情况采取相应措施。

6）T 形截面受弯构件计算

实际工程中各种复杂或异形截面都可等效为 T 形截面进行设计，应熟练掌握 T 形截面受弯构件的正截面承载力计算方法，包括截面设计与截面复核的方法及适用条件。理解 T 形截面翼缘板有效宽度的含义及其确定方法。

3.1.2　本章的难点及学习时应注意的问题

（1）受弯构件是指主要承受弯矩和剪力作用的构件。根据第 2 章所述钢筋混凝土结构设计原则，受弯构件必须满足安全性要求，即进行承载能力极限状态计算，其中包括两个内容：一是在弯矩作用下产生正截面破坏，需进行正截面承载力计算；二是在弯矩和剪力共同作用下产生斜截面破坏，需进行斜截面承载力计算。本章学习第一部分内容，第二部分内容将在下一章学习。

受弯构件除了满足安全性要求外，同时还必须满足适用性和耐久性要求，即进行正常使用极限状态计算，这一内容将在第 9 章中讨论。

（2）除了第（1）点中所述的各项计算必须通过以外，受弯构件还必须满足一系列构造要求，对这些构造要求处理不当是导致工程事故的一个重要原因。因此，采取合理的构造措施是至关重要的，它是使构件能安全承载和具有适用性及耐久性的可靠保证，在学习中要引起足够重视。在学习这一部分时，因为是第一次接触类似内容，所以会让人产生内容繁杂的印象，学习中重在理解规定各种构造要求的原因，具体的构造要求在今后的例题和习题中应用次数多了，自然会慢慢熟悉和掌握，掌握了这些知识对今后的工作也大有裨益。

（3）受弯构件正截面上各阶段的应力分布图是根据平截面假定和材料的应力－应变关系推导出来的，它反映了梁各阶段正截面受拉区、受压区混凝土的应力，钢筋应力，受压区高度的变化规律，其中第 I$_a$ 阶段的应力分布图是计算梁开裂弯矩的依据；第 II 阶段的应力分布图是计算梁的裂缝宽度和挠度的依据；第 III$_a$ 阶段的应力分布图是计算梁正截面承载力的依据。

（4）适筋梁和超筋梁的判别条件。在适筋、超筋、界限破坏时的截面应变分布图中，直观地展示出了三种破坏间的几何关系。截面受弯破坏时受拉钢筋的应变大小与受压区高度直接相关，受压区高度越小，则受拉钢筋的应变越大，受拉钢筋越可能达到屈服，发生适筋破坏的可能性越大，因此可由受压区高度直接判断截面发生何种破坏。

（5）双筋截面中的受压钢筋应力取值。钢材本身受拉和受压时的屈服点是一样的，当用作受压钢筋时，截面破坏时钢筋的应力取决于其应变 ε'_s 的大小。根据变形协调条件，受压钢筋的应变与距中性轴同一高度处混凝土的应变 ε'_c 相同，因此 ε'_s 可由截面上的应变关系图求出，其值与受压区高度 x 有关。当 $x \geqslant 2a'_s$ 时，受压钢筋的应变 $\varepsilon'_s = 0.002$，则应力 $\sigma'_s = 0.002 E'_s$，HPB300、HRB400、HRBF400 和 RRB400 级钢筋均能达到屈服。对于屈服点大于 400 MPa 的钢材，由于应变的限制，其应力达不到材料的屈服点，即材料自身强度不能得到充分发挥，抗压设计强度只能取为 $0.002 E'_s$。

对上述问题应深刻理解，今后在受压构件和预应力构件的学习中还将遇到这一问题，其中的道理是一样的。

3.2　综合练习

1. 单项选择题

（1）一悬臂板在板面荷载作用下，其截面钢筋构造图（图 3-1）正确的是（　　　）。

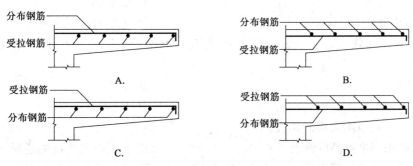

图 3-1　悬臂板配筋示意图

(2)在下列情况中,l_1、l_2为板两个方向的计算跨度,则( )的板是双向板。

 A.两对边支承且 $l_2/l_1 < 2$ B.两对边支承且 $l_2/l_1 > 2$

 C.四边支承且 $l_2/l_1 < 2$ D.四边支承且 $l_2/l_1 > 2$

(3)梁中采用焊接钢筋骨架时,以下说法中不正确的是( )。

 A.钢筋叠高不宜超过6层

 B.钢筋端部焊缝长度不小于 $5d$(双面焊)

 C.焊接骨架通常用在预制构件中

 D.焊接骨架中钢筋与混凝土的粘结作用比绑扎骨架好

(4)一梁截面所配钢筋直径如图 3-2 所示,根据其所处环境条件查得混凝土保护层最小厚度 $c_{min} = 20mm$,若取纵向受力钢筋的保护层厚度为 $35mm$,则( )。

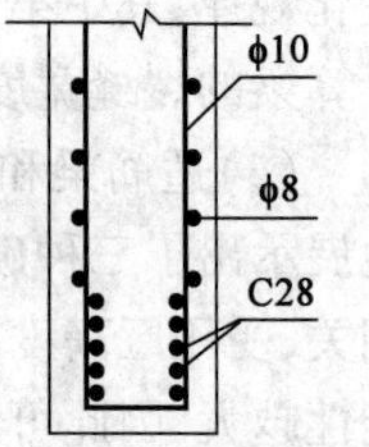

 A.所有钢筋的保护层厚度均满足规范要求

 B.所有钢筋的保护层厚度均不满足规范要求

 C.除了水平纵向钢筋,其他钢筋的保护层厚度满足规范要求

 D.除了纵向受力钢筋,其他钢筋的保护层厚度满足规范要求

图 3-2 截面配筋图

(5)适筋梁发生正截面破坏时,其主要特征是( )。

 A.受压区混凝土先被压碎,然后受拉钢筋屈服

 B.受拉钢筋被拉断,而受压区混凝土还未被压碎

 C.受拉钢筋先屈服,然后受压区混凝土被压碎

 D.受拉钢筋屈服,同时受压区混凝土被压碎

(6)超筋梁发生正截面破坏时,受拉钢筋应变 ε_s 和受压区边缘混凝土应变 ε_c 满足( )。

 A.$\varepsilon_s < \varepsilon_y$(屈服应变),$\varepsilon_c = \varepsilon_{cu}$ B.$\varepsilon_s \leqslant \varepsilon_y$(屈服应变),$\varepsilon_c = \varepsilon_{cu}$

 C.$\varepsilon_s \geqslant \varepsilon_y$(屈服应变),$\varepsilon_c = \varepsilon_{cu}$ D.$\varepsilon_s < \varepsilon_y$(屈服应变),$\varepsilon_c < \varepsilon_{cu}$

(7)钢筋混凝土梁的受拉区边缘混凝土的( )时,梁即将出现裂缝。

 A.应力达到混凝土的实际抗拉强度

 B.应力达到混凝土的抗拉标准强度

 C.应力达到混凝土的抗拉设计强度

 D.应变达到混凝土弯曲时的极限拉应变值

(8)如果一根梁的破坏是以混凝土受压区压坏而告终,则该梁( )。

 A.是适筋梁   B.是超筋梁

 C.是少筋梁   D.无法确定是何种梁

(9)适筋梁从加载到破坏可分为三个阶段,持久状况裂缝宽度和挠度计算以( )为依据。

 A.Ⅰ阶段   B.I_a阶段

 C.Ⅱ阶段   D.Ⅲ阶段

 ☆(10)( )可以增大梁的延性。

 A.改用强度更高的钢筋   B.改用强度更高的混凝土

 C.增加受拉钢筋用量   D.增加受压钢筋用量

（11）比较适筋梁和超筋梁,(　　)。

　　A.适筋梁的承载力较超筋梁低,且延性不如超筋梁

　　B.适筋梁的承载力较超筋梁低,但延性比超筋梁好

　　C.适筋梁的承载力较超筋梁高,但延性不如超筋梁

　　D.适筋梁的承载力较超筋梁高,且延性比超筋梁好

（12）在截面设计中如果出现超筋梁,可采取除(　　)以外的有效措施修改设计。

　　A.增大截面尺寸　　　　　　　　　　　　B.增大钢筋用量

　　C.提高混凝土强度等级　　　　　　　　　D.采用双筋截面

（13）设计一根适筋梁时,在保持抗弯承载力不变的前提下,将原来采用的 HPB300 级钢筋改为 HRB400 级钢筋,则钢筋所需面积约为原来的(　　)。

　　A.25%　　　　　　　B.50%　　　　　　　C.75%　　　　　　　D.100%

☆（14）若截面的抗弯承载力不够,采取以下哪种措施修改设计效果最显著?(　　)

　　A.增大截面高度

　　B.增大截面宽度

　　C.提高混凝土强度等级

　　D.以上效果都不显著,提高钢筋强度等级效果最显著

（15）在钢筋混凝土梁中,受压钢筋设计强度取值均不超过 400MPa,这是因为(　　)。

　　A.受压区混凝土强度不够

　　B.受压钢筋的最大应变仅能达到 0.002 左右

　　C.钢筋受压时容易被压屈

　　D.钢筋受压时的屈服点低于受拉时的屈服点

（16）双筋梁截面设计时,在 A_s、A_s' 均未知的情况下,令 $x = \xi_b h_0$,是为了(　　)。

　　A.保证受拉钢筋达到屈服　　　　　　　　B.保证受压钢筋达到屈服

　　C.保证混凝土受压破坏　　　　　　　　　D.使总用钢量最少

（17）在双筋梁的设计中,若 $x < 0$,将会出现(　　)。

　　A.超筋破坏　　　　　　　　　　　　　　B.少筋破坏

　　C.破坏时受拉钢筋未屈服　　　　　　　　D.破坏时受压钢筋未屈服

（18）在钢筋混凝土梁中,加入受压钢筋可使梁的(　　)。

　　A.延性提高　　　　　B.脆性增大　　　　　C.徐变增大　　　　D.承载力降低

☆（19）如图 3-3 所示,三根钢筋混凝土梁 A、B、C,其截面尺寸、材料强度、受拉区配筋均相同,破坏时受拉钢筋已屈服,它们的受弯承载力 M_u 大小关系是(　　)。

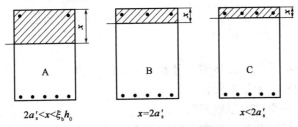

图 3-3　不同受压区高度的三根梁截面

A. $M_{uA} < M_{uB} < M_{uC}$ B. $M_{uA} < M_{uB} = M_{uC}$

C. $M_{uA} > M_{uB} = M_{uC}$ D. $M_{uA} > M_{uB} > M_{uC}$

(20)T形截面尺寸如图 3-4 所示。因设计弯矩较小，仅需按最小配筋率 0.2% 配置纵筋 A_s，以下计算 A_s 的公式哪个是正确的？（   ）

A. $A_s = 700 \times 465 \times 0.2\%$

B. $A_s = 700 \times 500 \times 0.2\%$

C. $A_s = 200 \times 465 \times 0.2\%$

D. $A_s = [200 \times 500 + (700 - 200) \times 100] \times 0.2$

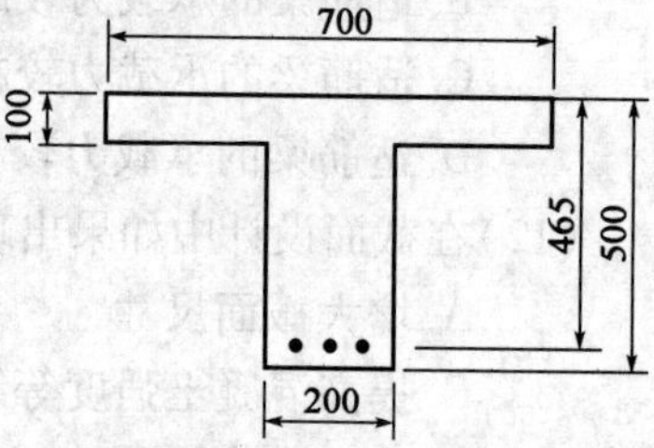

图 3-4   T形截面(尺寸单位:mm)

(21)如图 3-5 所示，三种截面(A)、(B)、(C)，其截面尺寸 $b \times h$、材料强度和受拉钢筋配置相同，截面均处在适筋范围内，其抗弯承载力 M_u 的大小关系是(   )。

A. $M_{uA} > M_{uB} > M_{uC}$ B. $M_{uB} = M_{uC} < M_{uA}$

C. $M_{uA} < M_{uB} < M_{uC}$ D. $M_{uA} < M_{uB} = M_{uC}$

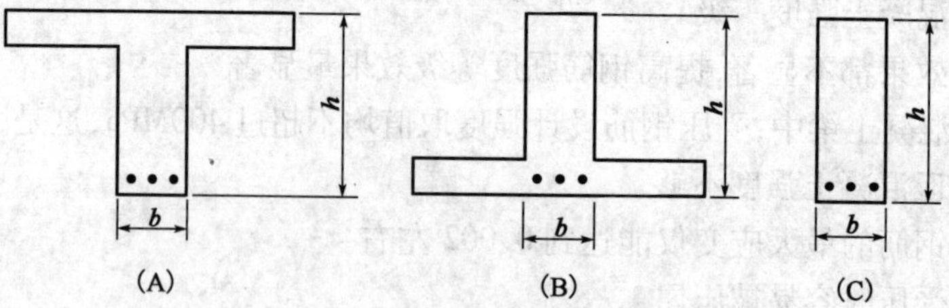

图 3-5   三种不同形状的截面

(22)《结构设计原理》教材中附表 1-7 规定了混凝土保护层最小厚度 c_{min}，《公路桥规》要求(   )的保护层厚度必须满足这一要求。

A. 纵向受力钢筋   B. 箍筋

C. 水平纵向钢筋   D. 最外侧钢筋

(23)确定钢筋的混凝土保护层厚度时,不考虑(   )的影响。

A. 构件所处环境类别   B. 构件种类

C. 钢筋种类   D. 钢筋直径

☆(24) 在其他条件相同的情况下,钢筋混凝土适筋梁的开裂弯矩与破坏弯矩之比 M_{cr}/M_u,随纵筋配筋率 ρ 的增大而(   )。

A. 不变   B. 增大

C. 减小   D. 不确定

2. 判断题

(1)钢筋混凝土空心板比实心板的抗弯效率高。(   )

(2)两对边支承的板一定是单向板。(   )

(3)单向板只需在一个方向设置钢筋。(   )

☆(4)四边支承板的板面荷载沿长跨方向比短跨方向传递得多一些。(   )

(5)单向板中分布钢筋应设置在受力钢筋的上侧。( )

(6)梁中受力钢筋应设置在截面的受拉区。( )

(7)焊接钢筋骨架中要求钢筋层数不宜超过6层,主要是为了保证混凝土浇筑的密实性。( )

(8)梁中配置水平纵向钢筋的目的是防止梁侧面开裂。( )

(9)实际工程中钢筋混凝土梁通常是带裂缝工作的。( )

(10)少筋梁正截面破坏时的弯矩约等于相同截面尺寸素混凝土梁的正截面开裂弯矩。( )

(11)桥梁工程中不允许采用少筋梁和超筋梁。( )

(12)超筋梁破坏时,受拉钢筋的应变大于其屈服应变。( )

(13)超筋梁的极限承载力取决于混凝土的抗压强度。( )

(14)受弯构件的受拉钢筋配筋率越大,其抗弯承载力越高。( )

(15)双筋梁的延性较单筋梁好。( )

(16)双筋梁中的箍筋必须采用封闭箍筋。( )

(17)双筋梁设计时,要求 $x \geq 2a'_s$ 是为了保证受压钢筋在构件破坏时达到屈服。( )

☆(18)增加受压钢筋用量,可以使超筋梁变成适筋梁。( )

(19)第一类T形梁正截面承载力计算时截面宽度取 b'_f,验算其是否满足最小配筋率要求时截面宽度取 b。( )

(20)双筋梁中的受压钢筋能够协助混凝土受压,与T形梁中受压翼缘的作用类似。( )

(21)T形梁的受压翼缘参与受力,所以翼缘越宽越好。( )

3. 填空题

(1)四边支承单向板沿板短边方向设置_____钢筋,沿板长边方向设置_____钢筋;双向板沿板的两个方向均应设置_____钢筋。

(2)单向板中分布钢筋应设置在受力钢筋的内侧,其目的是为了_____。

(3)钢筋混凝土梁中钢筋骨架的制作方法可分为两种,_____骨架主要用在_____构件中,_____骨架主要用在_____构件中。

(4)混凝土保护层厚度是指钢筋_____到构件截面表面之间的最短距离。普通钢筋的混凝土保护层厚度应不小于_____,_____的混凝土保护层厚度不小于《结构设计原理》教材中附表1-7的最小厚度规定 $c_{\min}$。规定混凝土保护层厚度是为了_____,也是为了_____。

(5)钢筋混凝土梁中主钢筋是指_____钢筋,其常用直径为_____。

(6)规定梁中受力钢筋的最小净距是为了保证_____。

(7)适筋梁从加载至破坏可分为三个阶段,第一阶段为_____,其结束的标志是_____;第二阶段为_____,其结束的标志是_____;第三阶段为_____,其结束的标志是_____。

☆(8)梁正截面受弯处于第三阶段末时,混凝土受压区最大压应力发生在_____,这是因为_____。

(9)受弯构件正截面破坏形态分为_____破坏、_____破坏和_____破坏。其中_____属于延性破坏,_____属于脆性破坏。

(10)构件或截面延性是指_____。钢筋混凝土受弯构件的延性可用指标_____来衡量,其中_____代表构件破坏时的极限曲率,_____代表钢筋屈服时的截面曲率。

(11)受弯构件正截面承载力计算采用如下三个基本假定:_____、_____、_____。

(12)在梁截面设计时,如果出现少筋梁,可采取的措施为_____或_____。

(13)单筋截面适筋梁的抗弯承载力最大值为_____。若梁承受的弯矩设计值超过此最大值,应_____或_____。

(14)ξ_b的定义是_____,即梁发生_____破坏时的_____高度与_____高度的比值。利用ξ_b可以判断梁可能发生_____破坏还是_____破坏。

(15)双筋截面主要用于两种场合:_____或者_____。截面中配有受压钢筋时,箍筋必须做成_____。配置受压钢筋可以提高截面的_____,减少_____。

(16)双筋截面设计时,如果出现$x < 2a'_s$,说明_____。此时可取_____,得到正截面抗弯承载力的近似表达式_____。

(17)T形截面的定义为_____。当_____时,为第一类T形截面;当_____时,为第二类T形截面。要判别T形截面的类型,截面设计时采用_____,满足此式即为第一类T形截面,反之为第二类;截面复核时采用_____,满足此式即为第一类T形截面,反之为第二类。

4. 简答题

(1)何谓单向板?何谓双向板?在单向板中为何要设置分布钢筋?如何确定其布置方向和位置(相对于受力钢筋)?

(2)绘出如下两边支承板和四边支承板的受力主筋布置图,分布钢筋可不绘出。板的长边边长为短边的2.5倍,图3-6中虚线为支承线。

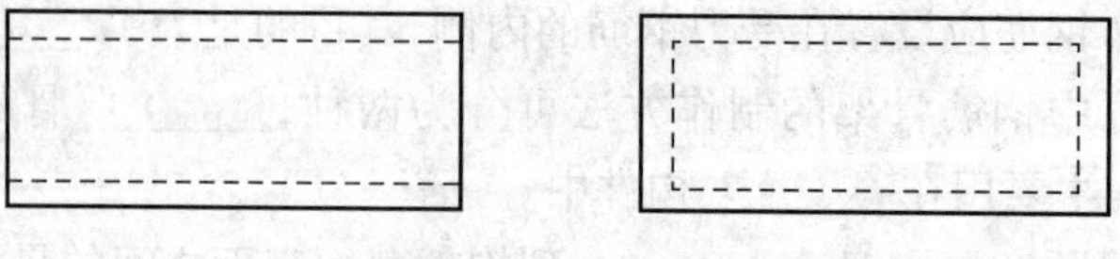

图 3-6　板平面图

☆(3)在工程设计中如何初步选取梁截面尺寸?

☆(4)说明梁中纵向受力钢筋的布置原则、规定及其原因。

☆(5)梁中配置水平纵向钢筋的目的是防止梁的侧面开裂,这种说法对吗?为什么?

(6)绘出适筋梁的荷载-挠度($F-w$)曲线,标示出其三个工作阶段,并说明各阶段正截面上应力与应变分布、中性轴位置、跨中挠度变化等特点。

(7)钢筋混凝土梁受拉区混凝土开裂后不再保持平面,为什么说平截面假定仍然适用?

(8)受弯构件的正截面破坏形态有哪几种?其破坏特点及破坏性质是什么?

(9)绘出适筋梁、超筋梁、少筋梁破坏时的裂缝分布图,说明三种梁裂缝分布的规律有何特点。

（10）在同一图中绘出适筋梁、超筋梁、界限破坏时截面上应变分布图,并标明有关符号。根据图示如何直接判别梁将发生某种破坏?

（11）何为梁的配筋率? 其大小对梁的破坏形态有何影响? 梁的最大、最小配筋率是根据什么原则确定的?

（12）计算适筋梁所用基本公式的适用条件是什么? 在截面设计和复核时不在此范围内应如何处理?

☆（13）工程中为什么要限制所设计的梁为适筋梁?

☆（14）进行梁的配筋设计时,如实际选配的受拉钢筋截面重心 a_s 值与假设值不符,应如何处理?

（15）什么是受弯构件的延性? 衡量延性大小的指标是什么? 受拉钢筋配筋率对延性有何影响?

（16）在什么情况下需要采用双筋梁? 双筋梁的优点是什么?

（17）为什么说必须满足 $x \geqslant 2a_s'$,才能充分发挥双筋梁中受压钢筋的作用并确保其达到屈服强度?

（18）为什么T形梁需要确定其受压翼缘有效宽度?

5. 计算题

（1）某矩形截面梁的截面尺寸 $b \times h = 250\text{mm} \times 550\text{mm}$,弯矩设计值 $M_d = 307.7\text{kN} \cdot \text{m}$,混凝土强度等级为 C30,钢筋采用 HRB400。安全等级为二级,环境条件为 I 类。求所需受拉钢筋面积,选配钢筋并绘制配筋图。

（2）一矩形截面连续梁尺寸 $b \times h = 300\text{mm} \times 600\text{mm}$,中间支座处承受负弯矩设计值 $M_d = -375\text{kN} \cdot \text{m}$。采用 C30 混凝土和 HRB400 级钢筋。安全等级为二级,环境条件为 I 类。求所需受拉钢筋面积,绘制配筋图。

（3）某矩形截面梁截面尺寸 $b \times h = 200\text{mm} \times 500\text{mm}$,弯矩设计值 $M_d = 100.5\text{kN} \cdot \text{m}$,采用 C30 混凝土和 HRB400 级钢筋。安全等级为二级,环境条件为 II 类,设计使用年限 100 年。试选配钢筋并绘制配筋图。

（4）一简支板桥,已知板厚 $h = 350\text{mm}$,混凝土强度等级为 C30,钢筋为 HRB400 级。每米板宽弯矩设计值 $M_d = 112\text{kN} \cdot \text{m}$,安全等级为二级,环境条件为 II 类,设计使用年限 100 年。求每米板宽所需受拉钢筋面积,选配钢筋并绘制配筋图。

☆（5）某公路防撞护栏截面构造及配筋如图 3-7 所示,图中①②号钢筋均为 φ12@100,HPB300 级钢筋,C25 混凝土。安全等级为二级,环境条件为 I 类。试计算该护栏最不利截面的抗弯承载力。

☆（6）某工程中有一钢筋混凝土矩形梁,弯矩计算值 $M = \gamma_0 M_d = 401\text{kN} \cdot \text{m}$;拟采用 C30 混凝土和 HRB400 级

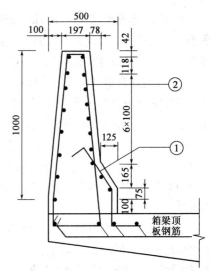

图 3-7 护栏构造断面(尺寸单位:mm)

钢筋。设计人员提出三种方案,截面尺寸分别选用 250mm×550mm,250mm×650mm 和 250mm×700mm,如不计恒载,试判断哪种截面比较合适?

(7)有一钢筋混凝土梁,截面尺寸 $b×h = 300mm×600mm$,采用 C30 混凝土和 HRB400 级钢筋,梁内配置有纵向受拉钢筋 8 Φ22($A_s = 3041mm^2$),ϕ8 双肢箍。弯矩设计值 $M_d = 325kN·m$。安全等级为二级,环境条件为 I 类。试验算该截面抗弯承载力是否满足要求。

(8)一受弯构件截面尺寸 $b×h = 300mm×600mm$,采用 C30 混凝土和 HRB400 级钢筋,已配置纵向受拉钢筋 8 Φ25($A_s = 3927mm^2$),箍筋直径 ϕ8。安全等级为二级,环境条件为 II 类,设计使用年限 50 年。弯矩设计值 $M_d = 345kN·m$。试复核该截面是否安全。

(9)某矩形截面梁,截面尺寸 $b×h = 250mm×550mm$,弯矩设计值 $M_d = 402kN·m$,采用 C30 混凝土和 HRB400 级钢筋。安全等级为二级,环境条件为 I 类。由于条件所限,不能加大截面尺寸及提高混凝土强度等级。计算所需钢筋面积,选配钢筋并绘制配筋图。

(10)已知条件同(9)题,但截面上已配置有受压钢筋 3 Φ22($A_s' = 1140mm^2$)。
①求所需受拉钢筋面积,并绘制配筋图。
②与(9)题比较,哪种情况总用钢量多些? 为什么?

(11)某矩形截面梁,截面尺寸 $b×h = 250mm×600mm$,弯矩设计值 $M_d = 315kN·m$,采用 C30 混凝土和 HRB400 级钢筋,已配置有受压钢筋 3 Φ25($A_s' = 1473mm^2$)。安全等级为二级,环境条件为 I 类。试为该截面配置受拉钢筋。

(12)已知矩形截面梁尺寸 $b×h = 250mm×600mm$,采用 C30 混凝土和 HRB400 级钢筋,承受的正、负弯矩设计值分别为 $M_d = 327kN·m$、$M_d = -75kN·m$。安全等级为二级,环境条件为 I 类。试计算该截面所需钢筋。

(13)已知矩形截面梁尺寸 $b×h = 250mm×500mm$,弯矩设计值 $M_d = 225kN·m$,采用 C30 混凝土和 HRB400 级钢筋,已配置有受拉钢筋 6 Φ25($A_s = 2946mm^2$)及受压钢筋 2 Φ25($A_s' = 982mm^2$)。安全等级为二级,环境条件为 II 类,设计使用年限 50 年。试复核该截面是否安全。

(14)矩形截面梁尺寸 $b×h = 250mm×600mm$,采用 C30 混凝土和 HRB400 级钢筋,已配置有受拉钢筋 6 Φ22($A_s = 2281mm^2$)及受压钢筋 3 Φ25($A_s' = 1473mm^2$)。安全等级为二级,环境条件为 II 类,设计使用年限 50 年。试计算该截面的抗弯承载力。

(15)某现浇的 T 形截面梁,计算跨径 $l = 22.5m$,相邻两梁的平均间距为 1.6m,安全等级为二级,环境条件为 I 类,截面尺寸见图 3-8。采用 C30 混凝土和 HRB400 级钢筋。弯矩设计值 $M_d = 1995kN·m$,试选配钢筋并绘制配筋图。

(16)某装配式简支梁桥,截面尺寸如图 3-9 所示,计算跨径 $l = 24.6m$,相邻两梁的平均间距为 1.6m。安全等级为二级,环境条件为 II 类,设计使用年限 100 年。采用 C30 混凝土和 HRB400 级钢筋。弯矩设计值 $M_d = 2983kN·m$,求所需钢筋面积,绘制配筋图(采用焊接钢筋骨架)。

(17)有一简支板桥,截面尺寸如图 3-10 所示,采用 C30 混凝土和 HRB400 级钢筋,弯矩设计值 $M_d = 1345kN·m$。安全等级为二级,环境条件为 II 类,设计使用年限 100 年。求所需钢筋面积,选配钢筋并绘制配筋图。

(18)T 形截面梁截面尺寸如图 3-11 所示,采用 C30 混凝土和 HRB400 级钢筋,配置有纵向受拉钢筋 10 ⏀25($A_s = 4908mm^2$,焊接骨架)。弯矩设计值 $M_d = 1400kN \cdot m$。安全等级为二级,环境条件为 Ⅱ 类,设计使用年限 100 年。验算截面承载力是否满足要求。

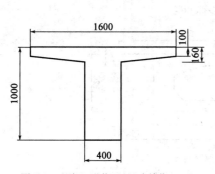

图 3-8　现浇 T 形截面(尺寸单位:mm)

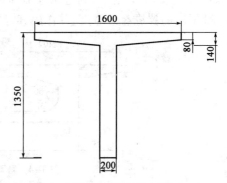

图 3-9　预制 T 形截面(尺寸单位:mm)

(19)某现浇 T 形截面梁,截面尺寸如图 3-12 所示,采用 C30 混凝土和 HRB400 级钢筋,受拉区配置有钢筋 9 ⏀25($A_s = 4418mm^2$,绑扎骨架)。弯矩设计值 $M_d = 934kN \cdot m$。安全等级为二级,环境条件为 Ⅰ 类。试复核该截面是否安全。

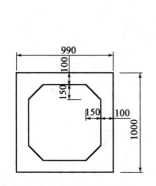

图 3-10　空心板截面(尺寸单位:mm)

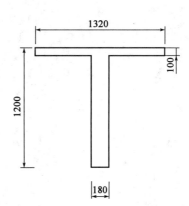

图 3-11　焊接骨架 T 形截面(尺寸单位:mm)

(20)一 T 形截面伸臂梁截面尺寸如图 3-12 所示,荷载作用下的设计弯矩图如图 3-13 所示。采用 C30 混凝土和 HRB400 级钢筋,绑扎骨架。安全等级为二级,环境条件为 Ⅱ 类,设计使用年限 100 年。计算所需纵向受力钢筋面积并绘制配筋图。

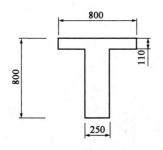

图 3-12　绑扎骨架 T 形截面(尺寸单位:mm)

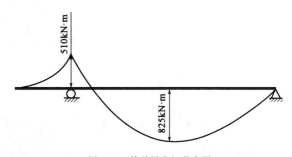

图 3-13　伸臂梁弯矩分布图

（21）等高度箱形截面两跨连续梁截面尺寸如图 3-14 所示,跨度 l 为 17m + 17m。试确定箱梁中部梁段的翼缘有效宽度,并作出其等效工字形截面。

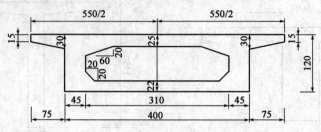

图 3-14　箱梁截面(尺寸单位:cm)

第4章 受弯构件斜截面承载力计算

4.1 学 习 指 导

本章学习受弯构件斜截面承载力的计算方法。

通过本章学习,应理解斜截面的主要破坏形态;理解影响斜截面抗剪承载力的主要因素;掌握受弯构件斜截面受剪承载力的计算方法;掌握全梁承载力校核方法与构造要求。

本章内容学习完后,宜选做一根梁的设计大作业或课程设计,这对学习和掌握第 3 章、第 4 章的相关知识有很大帮助。

4.1.1 本章主要内容及学习要求

1)受弯构件斜截面的受力特点和破坏形态

斜截面的主要破坏形态有斜压破坏、剪压破坏和斜拉破坏,应搞清楚这三种破坏形态的受力及破坏特点。腹筋包括箍筋和弯起钢筋,箍筋对提高梁的抗剪能力具有显著的、综合性的作用,因此要求在梁中必须配置箍筋。

2)影响斜截面抗剪承载力的主要因素

影响斜截面抗剪承载力的主要因素有剪跨比、混凝土抗压强度、纵向受拉钢筋配筋率、配箍率和箍筋强度。除剪跨比外,其他几种影响因素与抗剪承载力均成线性、上升关系。

剪跨比实质上反映了梁截面上正应力 σ 与剪应力 τ 的相对大小,其值对斜截面破坏形态和抗剪承载力有明显影响。随着剪跨比 m 的加大,破坏形态按斜压、剪压和斜拉的顺序演变,而抗剪承载力逐步降低,当 $m > 3$ 后,抗剪承载力趋于稳定。对剪跨比的概念、含义及其影响应深刻理解。

3)斜截面抗剪承载力计算

斜截面抗剪承载力计算公式只适用于剪压破坏,公式的适用条件是为了防止斜压和斜拉破坏的发生。即为了防止斜压破坏,截面尺寸应满足剪力上限的要求,如不满足则应增大截面尺寸或提高混凝土强度等级;为了防止斜拉破坏,当按计算无需配置腹筋时,仍要求箍筋的配箍率和最大间距、最小直径应满足最小配箍率和相应构造要求。

计算公式中抗剪承载力由两部分构成:混凝土和箍筋承担的剪力 V_{cs}、弯起钢筋承担的剪力 V_{sb},其中 V_{cs} 可分担设计剪力 V_d 的 $60\% \sim 100\%$,V_{sb} 可分担设计剪力 V_d 的 $0 \sim 40\%$。设计时是否配置弯起钢筋,要看梁正截面配筋情况,如梁截面尺寸较大、正截面配筋较多,有多余的纵筋可供弯起时,可以考虑配置一部分弯起钢筋。从受力角度来讲,箍筋在梁中分布均匀,可以和各斜裂缝相交,抗剪效果较好;而弯起钢筋面积过于集中、不能承受反向剪力,因此梁中必须且优先配置箍筋。

4）全梁承载力校核与构造要求

理解弯矩包络图和抵抗弯矩图的定义。在抵抗弯矩图上可以直观地示出梁的正截面、斜截面抗弯承载力是否得到满足,用于设计纵筋和弯起钢筋时比较方便,因此要求熟练掌握抵抗弯矩图的绘制方法,理解图中充分利用点、理论截断点(不需要点)的含义,并能通过抵抗弯矩图确定纵筋弯起或切断时的合理位置。

另外还要注意在设计中不能忽视有关的构造要求。

5）连续梁的斜截面抗剪承载力

理解连续梁斜截面破坏的特点,连续梁的斜截面抗剪承载力低于相同广义剪跨比的简支梁。掌握连续梁斜截面抗剪承载力计算方法。

4.1.2　本章的难点及学习时应注意的问题

(1)在本章学习中要注意,与第 3 章不同的是,斜截面抗剪承载力计算公式不是通过理论推导得出,而是以主要影响因素为变量,以试验研究为基础,在满足可靠度的条件下取试验值偏下线的统计回归公式,因此公式本身无需死记硬背,应把学习重点放在理解哪些因素会影响斜截面的抗剪承载力及公式的适用条件,并熟练掌握计算公式在设计中的应用。

(2)受弯构件的斜截面抗弯承载力。进行斜截面抗弯承载力计算时,需先确定最不利斜截面的位置,然后根据力矩平衡方程来计算抗弯承载力。在实际的设计中,是采用构造规定来避免斜截面受弯破坏的,不需直接计算斜截面抗弯承载力。

当纵筋沿梁长无弯起和切断(即为通长布置时),斜截面抗弯承载力与正截面抗弯承载力相同,在正截面抗弯承载力得到保证的前提下,斜截面抗弯承载力也能得到满足。当纵筋弯起或切断后,斜截面抗弯承载力发生变化,此时应按比例绘制抵抗弯矩图,将弯起钢筋的弯起点位置,设在按正截面抗弯承载力计算该钢筋的强度全部被利用的截面(充分利用点)以外,其距离不小于 $0.5h_0$ 处。

(3)弯起钢筋的设计。这个问题是本章中的一大难点。因为弯起钢筋的设计布置既要满足正截面抗弯承载力、斜截面抗剪承载力、斜截面抗弯承载力的要求,还要满足一系列构造要求,要考虑的因素很多,因此问题较为复杂。当出现某一方面要求不能满足的情况时,应采取适当的处理措施。例如当抗剪承载力不能满足时,可以加配斜筋,或者减小弯起钢筋分担的剪力比例;如果弯起一部分钢筋后出现正截面、斜截面抗弯承载力不满足,则可以考虑推迟纵筋的弯起(相对于跨中)。调整弯起位置以后,各项设计要求是否满足,还需要重新进行复核。总之,要调整至所有要求均得到满足为止。

4.2　综 合 练 习

1. 单项选择题

(1)钢筋混凝土梁上出现斜裂缝的原因主要是(　　　)。

    A. 箍筋配置不足

    B. 弯起钢筋配置不足

C. 拉应力超过了混凝土的抗压强度

D. 主拉应力超过了混凝土的抗拉强度

(2)钢筋混凝土梁中弯起钢筋不宜单独使用,而总是与箍筋联合使用,主要是因为(　　)。

　A. 箍筋单根截面积小,在梁中分散布置,抗剪效果好

　B. 弯起钢筋数量少且单根截面积大,在梁中配置过于集中

　C. 当剪力反号时,弯起钢筋将不能发挥抗剪作用

　D. 以上都是

(3)剪跨比对梁的影响是多方面的。对于剪跨比的影响,以下说法中错误的是(　　)。

　A. 影响梁的斜截面受剪破坏形态

　B. 影响梁的斜截面抗剪承载力

　C. 影响梁的正截面抗弯承载力

　D. 影响梁的斜截面抗弯承载力

(4)无腹筋梁斜截面受剪时主要有三种破坏形态,当截面尺寸、材料和配筋条件相同时,其抗剪承载力的相对大小为(　　)。

　A. 斜压破坏 > 斜拉破坏 > 剪压破坏

　B. 斜压破坏 > 剪压破坏 > 斜拉破坏

　C. 剪压破坏 > 斜压破坏 > 斜拉破坏

　D. 剪压破坏 > 斜拉破坏 > 斜压破坏

(5)对于无腹筋梁的三种破坏形态,以下说法正确的是(　　)。

　A. 都属于脆性破坏

　B. 都属于塑性破坏

　C. 剪压破坏属于塑性破坏,斜拉和斜压破坏属于脆性破坏

　D. 剪压和斜压破坏属于塑性破坏,斜拉破坏属于脆性破坏

(6)梁中配置腹筋后,对梁的抗剪性能会产生多方面的有利影响,但其中不包括(　　)。

　A. 改善受剪破坏的脆性　　　　　　　　B. 推迟斜裂缝的出现

　C. 增大集料的咬合作用　　　　　　　　D. 增大混凝土剪压区面积

(7)梁中弯起钢筋的配置方向应与主压应力迹线方向(　　)。

　A. 大体正交　　　　　　　　　　　　　B. 大体平行

　C. 成 45°角　　　　　　　　　　　　　D. 完全一致

(8)《公路桥规》中斜截面抗剪承载力计算公式适用于(　　)。

　A. 斜压破坏　　　　　　　　　　　　　B. 剪压破坏

　C. 斜拉破坏　　　　　　　　　　　　　D. 斜弯破坏

(9)在梁的斜截面设计中,对 $\gamma_0 V_d \le 0.50 \times 10^{-3} \alpha_2 f_{td} b h_0$ 的梁段,可(　　)。

　A. 不配箍筋　　　　　　　　　　　　　B. 按计算配箍筋

　C. 按构造要求配箍筋　　　　　　　　　D. 增大截面尺寸

(10)斜截面抗剪承载力计算时,限制梁的最小截面尺寸是为了防止发生(　　)。

　A. 斜拉破坏　　　　　　　　　　　　　B. 斜弯破坏

　C. 剪压破坏　　　　　　　　　　　　　D. 斜压破坏

（11）要求梁的弯矩包络图必须位于抵抗弯矩图之内,这是为了保证(　　)。

  A. 正截面抗弯承载力   B. 斜截面抗剪承载力

  C. 斜截面抗弯承载力   D. 纵筋的锚固

（12）纵筋弯起时弯起点必须设在该钢筋的充分利用点以外不小于 $h_0/2$ 处,这是为了保证(　　)。

  A. 正截面抗弯承载力   B. 斜截面抗剪承载力

  C. 斜截面抗弯承载力   D. 纵筋的锚固

（13）如图 4-1 所示承受均布荷载的钢筋混凝土悬臂梁,可能发生的弯剪裂缝是哪一种?(　　)

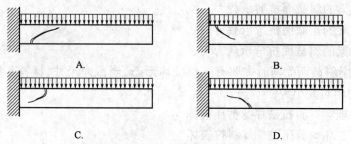

图 4-1 　承受均布荷载的钢筋混凝土悬臂梁

（14）纵筋截断时,应从该钢筋的(　　)处截断。

  A. 理论截断点至少延伸 $(l_a + h_0)$ 的长度

  B. 理论截断点至少延伸 20d 的长度

  C. 充分利用点至少延伸 $(l_a + h_0)$ 的长度

  D. B、C 中较大延伸长度

（15）在斜截面设计中,弯起钢筋承担的剪力占全部剪力的比值应(　　)。

  A. 大于   B. 不超过 40%

  C. 不小于 40%   D. 等于 40%

（16）在受弯构件中设置水平纵向钢筋的主要目的是(　　)。

  A. 防止梁侧面混凝土开裂

  B. 减小梁侧面混凝土裂缝宽度

  C. 协助梁体混凝土受压

  D. 代替梁体混凝土受拉

（17）梁的斜截面设计时,以下叙述中错误的是(　　)。

  A. 计算第一排以后各排弯起钢筋面积时,取用前一排弯起钢筋弯起点处由弯起钢筋承担的那部分剪力值

  B. 在钢筋混凝土梁的支点处,应至少有两根并不少于总数 1/5 的下层受拉主钢筋通过

  C. 不得采用不与主钢筋焊接的斜钢筋

  D. 第一排以后各排弯起钢筋的末端弯折点应落在或超过前一排弯起钢筋弯终点截面

(18)关于箍筋的构造要求,以下说法中错误的是( )。

    A. 支座中心向跨径方向长度不小于1/2梁高范围内,箍筋间距不宜大于100mm

    B. 箍筋直径不小于8mm且不小于主钢筋直径的1/4

    C. 箍筋的最小配筋率$(\rho_{sv})_{min}=0.14\%$(HPB300),或$(\rho_{sv})_{min}=0.11\%$(HRB400)

    D. 箍筋的间距不应大于梁高的1/2且不大于400mm

☆(19)( )时,钢筋所需锚固长度越大。

    A. 钢筋直径越小

    B. 钢筋表面越粗糙

    C. 钢筋直径越大

    D. 混凝土的强度等级越高

2. 判断题

(1)梁的抗剪承载力随剪跨比、配箍率的增大而增大。( )

(2)斜裂缝一出现,穿过斜裂缝的纵筋拉应力会突然增大。( )

(3)梁中必须配置箍筋和弯起钢筋。( )

(4)梁中是否配置箍筋对斜裂缝何时出现有很大影响。( )

(5)对于有腹筋梁,剪跨比在1~3之间时,将发生剪压破坏。( )

(6)梁中可以在适当位置加设斜筋,以协助梁抗剪和抗弯。( )

(7)纵筋弯起时弯起点必须设在该钢筋的充分利用点以外不小于$h_0/2$处,这是为了满足斜截面抗剪承载力的要求。( )

(8)剪跨比反映了梁截面所承受的弯矩和剪力的相对大小。( )

(9)剪跨比的大小不仅影响斜裂缝的倾角,还影响斜裂缝延伸的高度。( )

(10)钢筋混凝土梁中纵筋需要截断时,应在其不需要点处截断。( )

(11)当$\gamma_0 V_d > 0.51 \times 10^{-3} \sqrt{f_{cu,k}} b h_0$时应增大配箍率。( )

☆(12)在《公路桥规》抗剪承载力计算公式中没有出现剪跨比,说明计算公式未考虑剪跨比对抗剪承载力的影响。( )

(13)绘制梁的抵抗弯矩图是为了校核梁的斜截面抗弯承载力。( )

(14)梁中纵筋无弯起或截断,即为通长布置时其斜截面抗弯承载力是可以得到保证的。( )

(15)承受集中荷载的连续梁抗剪承载力低于相同广义剪跨比的简支梁。( )

3. 简答题

(1)无腹筋梁斜裂缝出现前后梁内的应力状态有何变化?

(2)梁斜截面受剪破坏的主要形态有哪几种?其破坏特点是什么?

(3)什么是剪跨比?其物理意义是什么?它对斜截面破坏形态和抗剪承载力有何影响?

(4)什么是腹筋?腹筋的作用是什么?

(5)影响梁斜截面抗剪承载力的主要因素有哪些?影响如何?

(6)规定梁的斜截面抗剪承载力计算公式的适用条件是出于何种考虑?适用条件不满足时,应如何处理?

(7)什么是梁的设计弯矩图和抵抗弯矩图？二者之间是什么关系？

(8)纵筋弯起必须保证哪几个条件？如何保证？

(9)纵向受拉钢筋的截断应满足哪些要求？

☆(10)在设计弯起钢筋时,如果可供弯起的纵向受拉钢筋面积不足,可以采取哪些措施调整设计？

☆(11)试绘出图 4-2 伸臂梁中纵向受拉钢筋和弯起钢筋的布置方位(不计梁的自重)。

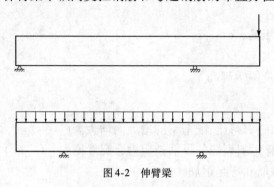

图 4-2　伸臂梁

☆(12)图 4-3 为钢筋混凝土梁的钢筋布置图和弯矩包络图,试绘出梁的承载能力图。已知受拉钢筋为 8 Φ25 的 HRB400 级钢筋,共弯起三排,每次弯起两根,跨中的弯矩设计值与跨中的正截面抗弯承载能力相等。

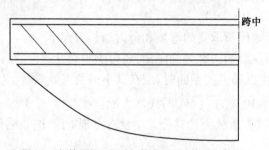

图 4-3　钢筋混凝土梁的钢筋布置图和弯矩包络图

4. 计算题

(1)有一钢筋混凝土矩形截面简支梁,截面尺寸 $b \times h = 300\text{mm} \times 600\text{mm}$,计算跨径 $l = 6500\text{mm}$。安全等级为二级,环境条件为 I 类。梁承受均布荷载,由荷载产生的支点剪力设计值 $V_d = 560\text{kN}$,混凝土强度等级为 C30,梁内配置有 8 Φ22($A_s = 3041\text{mm}^2$,HRB400 级)的纵向受拉钢筋,箍筋采用 HPB300 级。

①若不配弯起钢筋,计算箍筋用量;

②考虑弯起部分纵筋,计算箍筋用量。

(2)预制钢筋混凝土 T 形截面简支梁,荷载作用及截面尺寸如图 4-4 所示,梁承受均布荷载设计值 $g = 21.98\text{kN/m}$(包括自重),跨中集中力设计值 $P = 463.68\text{kN}$。由荷载产生的支点截面剪力设计值 $V_d = 319.76\text{kN}$。混凝土强度等级为 C30,纵向钢筋采用 HRB400 级,箍筋采用 HPB300 级,已配置纵向受拉钢筋 10 Φ28,其底部混凝土保护层厚度 $c = 35\text{mm}$。安全等级为二

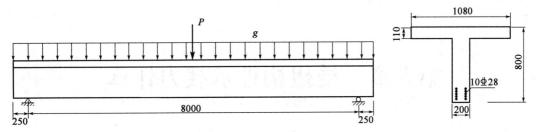

图 4-4　钢筋混凝土简支梁(尺寸单位:mm)

级,环境条件为Ⅰ类。试进行抗剪钢筋设计。

(3)已知条件及配筋同(2)题,抗剪钢筋配置完成后,试进行该梁斜截面抗剪承载力复核。

(4)有一片钢筋混凝土简支试验梁,支点间距离 $l=1500$ mm,截面尺寸如图 4-5 所示,配有纵向受拉钢筋 2ϕ14,其实测屈服强度 $f_s=303$ MPa;箍筋 ϕ6@150,实测屈服强度 $f_s=284$ MPa,混凝土实测立方体强度 $f_{cu}=24.3$ MPa。梁上作用两个对称集中力 P,试计算该梁的最大承载力 P 值。

提示:要考虑梁可能发生弯曲破坏和剪切破坏;计算中还应考虑梁的自重。

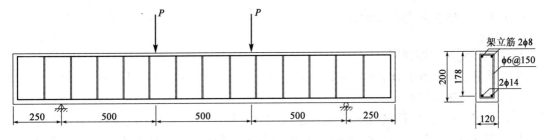

图 4-5　钢筋混凝土简支试验梁(尺寸单位:mm)

第5章 受扭构件承载力计算

5.1 学 习 指 导

在公路工程中常见的弯梁桥、斜梁桥的主梁会受到扭矩作用,本章学习受扭构件的承载力计算方法。

在实际工程中受扭构件通常承受弯矩、剪力和扭矩的共同作用,由于作用的叠加和相互影响,使构件的受力状况非常复杂。因此学习时可先理解纯扭构件的受力性能和破坏特征,进而了解弯剪扭构件的破坏特点,并掌握矩形截面弯剪扭构件的配筋计算方法。了解工程中常用的 T 形、I 形和箱形截面受扭构件计算特点。掌握受扭构件的构造要求。

5.1.1 本章主要内容及学习要求

1)纯扭构件的破坏特征

矩形截面受扭构件的开裂扭矩近似地采用理想塑性材料的剪应力图形进行计算,同时乘以折减系数 0.7 来加以校正。

实际工程中通常采用由箍筋和纵向钢筋组成的空间骨架来承担扭矩,两者缺一不可。随着抗扭箍筋和抗扭纵筋的配筋率不同,矩形截面受扭构件将发生四种类型的破坏:少筋破坏、适筋破坏、超筋破坏和部分超筋破坏。其中发生前三种破坏形态时受扭构件的表现类似于受弯构件的少筋梁、适筋梁和超筋梁破坏。参照受弯构件,在设计中我们也要保证设计适筋梁,防止出现少筋梁和超筋梁破坏。

部分超筋破坏起因于抗扭箍筋或纵筋配置过多,通过选择合适的配筋强度比 ζ 可以避免这种破坏的发生,通常限制 $0.6 \leqslant \zeta \leqslant 1.7$,设计时可取 $\zeta = 1.0 \sim 1.2$。

2)纯扭构件的承载力计算

纯扭构件的承载力计算目前采用的计算理论主要有变角度空间桁架模型和斜弯曲破坏理论。这两种理论均不考虑核心混凝土的抗扭能力,通过两种理论分析得出的承载力计算式完全相同。

《公路桥规》基于变角度空间桁架模型提出了纯扭构件的承载力计算公式,并且规定了公式的上下限,对应于避免发生超筋破坏和少筋破坏的限值。试验表明,当抗扭钢筋配置过多时,可能出现混凝土被压坏而钢筋未达到屈服强度,因此必须限制截面的最小尺寸。即为了防止超筋破坏,截面尺寸应符合扭矩上限的要求,如不满足则应增大截面尺寸或提高混凝土强度等级。当扭矩产生的剪应力满足下限的要求时,表明构件可不配置抗扭钢筋。但为了防止少筋脆断和保证构件破坏时具有一定延性,仍要求抗扭纵筋和抗扭箍筋用量至少取最小配筋率,并满足相应的构造要求。

3)矩形截面构件在弯、剪、扭共同作用下的承载力计算

弯、剪、扭共同作用下矩形截面构件的受力状态十分复杂。为了简化计算,《公路桥规》采取了叠加计算的截面设计方法,即先按"单独"承受弯矩、剪力和扭矩的要求分别进行配筋计算,然后再将配筋叠加布置在截面的合理位置。其中抗弯纵筋布置在截面受拉区边缘;按剪扭构件计算的抗扭纵筋沿截面周边均匀对称布置,在矩形截面的四角必须配置纵筋;将抗剪箍筋和抗扭箍筋的配箍率相加后再选取箍筋所需直径和间距。学习中可通过参考例题和做练习题的方法来熟悉并掌握这一计算过程。

4)T 形、工形和箱形截面受扭构件计算

T 形和工形截面在计算其抗裂扭矩、抗扭极限承载力时,可将截面划分为几个矩形截面,每个矩形分块所承受的扭矩设计值,按其截面抗扭塑性抵抗矩与总截面的抗扭塑性抵抗矩之比,从总扭矩 T_d 中分配得到。然后再参照矩形截面的叠加计算方法进行配筋计算。划分矩形分块的原则是:先按截面总高度划出腹板或矩形箱体,然后再划出受压翼缘和受拉翼缘。划分出的腹板或矩形箱体按剪扭构件计算;受压翼缘和受拉翼缘不考虑受剪,仅按纯扭构件计算。

箱形截面构件的抗扭承载力与实心矩形截面相近。当箱形梁壁厚与相应计量方向的宽度之比为 $t_2/b \geqslant 1/4$ 或 $t_1/h \geqslant 1/4$ 时,其抗扭承载力可按具有相同外形尺寸的带翼缘的矩形截面进行计算;当上述条件不满足时,表明箱壁较薄,其抗扭承载力较实心矩形截面有所降低,可近似地将构件按矩形截面计算的混凝土抗扭承载力(公式第一项)乘以折减系数 β_a。

5.1.2 本章的难点及学习时应注意的问题

(1)受扭构件的构造要求。相对于受弯构件,受扭构件有其特殊的构造要求。由于扭矩在构件中引起的主拉应力迹线与构件纵轴成 45°角,因此抗扭钢筋的理想配筋方案是沿主拉应力方向即 45°角布置螺旋形箍筋,但考虑到工程中扭矩的方向可能随活荷载的方向而改变,螺旋形箍筋的方向也需随之改变,这在构造上是很困难的,因此实际工程中通常采用由箍筋和纵向钢筋组成的空间骨架来承担扭矩。

由于扭矩是靠抗扭箍筋与纵筋的抵扭矩平衡的,因此在保证必要的保护层的前提下,箍筋与纵筋均应尽可能地布置在构件周边的表面处,以增大抗扭效果。抗扭纵筋间距不宜大于 300mm,直径不应小于 8mm,数量至少有 4 根,布置在矩形截面的四个角隅处,纵筋末端应留有足够的锚固长度。抗扭箍筋必须做成封闭式箍筋,并且将箍筋在角端用 135°弯钩锚固在混凝土核心内,锚固长度约等于 10 倍的箍筋直径。

由若干个矩形截面组成的 T 形、L 形、工字形等复杂截面的受扭构件,必须将各个矩形截面的抗扭钢筋配成笼状骨架,且使复杂截面内各个矩形单元部分的抗扭钢筋互相交错地牢固联成整体。

(2)剪扭相互影响问题。目前钢筋混凝土剪扭构件的承载力一般按受扭和受剪构件分别计算,然后再叠加起来。但是剪扭构件中剪力和扭矩的共同作用对钢筋和混凝土的承载力均有影响。如果采取简单的叠加,对箍筋和混凝土尤其是混凝土是偏于不安全的。试验表明,受剪扭共同作用的构件,由于剪力和扭矩都会在截面上引起剪应力,其截面上某一受压区域内承受剪力和扭矩的双重作用,这必将降低构件内混凝土的抗剪、抗扭承载力,即分别小于其单独受剪、受扭时的承载力。由于受扭构件受力情况比较复杂,目前采取箍筋的承载力进行简单叠

加,而混凝土的承载力则在抗剪承载力、抗扭承载力计算公式中引入剪扭构件混凝土承载力降低系数β_t。

5.2 综合练习

1. 单项选择题

(1)受扭构件中,抗扭纵筋应(　　)。

    A. 布置在截面上下边

    B. 布置在截面左右两侧

    C. 沿截面周边均匀、对称布置

    D. 沿截面周边均匀、对称布置,且在矩形截面的四个角必须布置

(2)钢筋混凝土纯扭构件的破坏形态可分为(　　)。

    A. 少筋、适筋和超筋破坏

    B. 斜压、斜拉和剪压破坏

    C. 受弯、受剪和受压破坏

    D. 少筋、适筋、超筋和部分超筋破坏

(3)对于钢筋混凝土受扭构件的几种破坏形态,其破坏性质(　　)。

    A. 都是脆性的

    B. 少筋和超筋破坏是脆性的

    C. 少筋、超筋和部分超筋破坏是脆性的

    D. 只有少筋破坏是脆性的

(4)对于钢筋混凝土 T 形、工字形和箱形截面受扭构件,以下说法中错误的是(　　)。

    A. 箱形梁在桥梁工程中被广泛采用的重要原因之一是其抗扭刚度大

    B. 箱形梁的抗扭承载力可按具有相同外形尺寸的实心截面进行计算

    C. T 形、工字形受扭构件计算中,可将扭矩 T_d 按各个矩形分块的抗扭塑性抵抗矩之比进行分配

    D. T 形、工字形截面剪扭构件计算中,不考虑翼缘承受剪力,剪力全部由腹板承担

(5)受扭构件中配有不同用量的抗扭纵筋和抗扭箍筋时,抗扭承载力取决于(　　)。

    A. 用量较多的一种钢筋   B. 用量较少的一种钢筋

    C. 两种钢筋的总用量

2. 判断题

(1)公路工程中采用对称截面的弯梁桥和斜梁桥在自重作用下不存在扭矩。(　　)

(2)钢筋混凝土矩形截面纯扭构件的破坏总是发生在截面的长边处。(　　)

(3)钢筋混凝土纯扭构件的开裂扭矩计算是以弹性材料的剪应力图式为基础的。(　　)

(4)钢筋混凝土纯扭构件的开裂扭矩大小与抗扭钢筋的用量有关。(　　)

(5)钢筋混凝土纯扭构件的开裂扭矩约等于素混凝土受扭构件的抗扭承载力。(　　)

（6）钢筋混凝土纯扭构件的理想配筋方案是布置与构件纵轴成45°角的螺旋箍筋,其方向与主拉应力方向平行。（　　）

（7）矩形截面的抗扭纵筋应优先布置在截面四角,其余的对称布置在截面的左右两侧。（　　）

（8）根据抗扭配筋率的大小,钢筋混凝土纯扭构件的破坏形态可分为少筋破坏、适筋破坏和超筋破坏。（　　）

（9）当抗扭箍筋用量适当时,钢筋混凝土纯扭构件将会发生适筋破坏。（　　）

（10）钢筋混凝土受扭构件的破坏都是脆性的。（　　）

（11）对不同的配筋强度比ζ,少筋和适筋、适筋和超筋的界限位置是不同的。（　　）

（12）计算受扭构件的承载力时,规定抗扭配筋的上限是为了避免出现超筋破坏。（　　）

（13）只要满足受扭最小配箍率的要求,即可避免受扭构件发生少筋破坏。（　　）

（14）《公路桥规》对弯剪扭构件采用简化计算方法时,不考虑弯矩作用与剪扭作用两者之间的相互影响。（　　）

（15）T形、工字形截面剪扭构件计算中,不考虑翼缘承受剪力,剪力全部由腹板承担。（　　）

（16）箱形梁在桥梁工程中被广泛采用的重要原因之一是其抗扭刚度大。（　　）

3. 填空题

（1）钢筋混凝土纯扭构件的开裂扭矩小于按_____计算的开裂扭矩,大于按_____计算的开裂扭矩。

（2）根据扭矩作用下主拉应力的方向,受扭构件理想的配筋方案是_____,其方向与_____平行;而实际的配筋方案是采用_____,并在保证必要的混凝土保护层厚度下,尽可能地沿_____布置钢筋以增强构件的抗扭能力。

（3）根据抗扭配筋率不同,钢筋混凝土纯扭构件的破坏形态可分为四类:_____、_____、_____、_____;其中_____是有明显预兆的,属延性破坏。

（4）配筋强度比ζ是指_____。当_____时,构件破坏时抗扭纵筋和抗扭箍筋均能达到屈服,设计时可取ζ值为_____。

（5）钢筋混凝土纯扭构件的承载力计算力学模型主要有两种:一种是_____,另一种是_____。两种理论均不计_____,得出的承载力计算公式_____。

（6）试验表明,构件在剪、扭共同作用下,混凝土的抗剪、抗扭能力将_____。在承载力计算公式中引入_____以考虑这种影响。

（7）T形、工字形截面剪扭构件的抗扭承载力可分块计算,将扭矩按各块的_____进行分配。

（8）弯剪扭构件配筋计算时,纵筋用量由_____和_____承载力计算所需面积进行配置;箍筋用量由_____和_____承载力计算所需用量之和配置。

（9）对于箱形梁,当_____时,可将箱形梁内部空心视为实心计算其抗扭承载力;当_____时,其抗扭承载力比实心截面梁_____,在公式中引入_____、_____加以考虑。

（10）根据抗扭强度要求,抗扭纵筋间距不宜大于_____,直径不应小于_____,数量至少要有_____,布置在矩形截面的_____处;纵筋末端应留有_____。抗扭箍筋必须做成_____式,并且将箍筋在角端用_____锚固在_____内,锚固长度约等于_____。

4. 简答题

(1)钢筋混凝土纯扭构件的开裂扭矩是如何确定的?

(2)实际工程中钢筋混凝土受扭构件的抗扭配筋方案是怎样的?为什么要采取这样的配筋方式?

(3)根据抗扭配筋率的大小,钢筋混凝土受扭构件的破坏形态可分为哪几种?其破坏特点如何?

(4)说明配筋强度比 ζ 的物理意义。其合理取值范围是什么?

(5)《公路桥规》中矩形截面构件抗扭承载力计算公式是基于何种计算理论?在应用该公式时如何保证所设计的受扭构件为适筋构件?

☆(6)在剪扭构件承载力计算公式中,为什么要引入系数 β_t?其取值范围是什么?

(7)弯剪扭构件的配筋计算方法是怎样的?进行配筋设计时,怎样确定纵筋和箍筋用量?

☆(8)与受弯构件相比,受扭构件的配筋构造要求有哪些特点?

5. 计算题

(1)一矩形截面钢筋混凝土受扭构件,承受设计扭矩 $T_d = 10.4 \text{kN} \cdot \text{m}$。初步拟定截面短边边长 $b = 250 \text{mm}$,长边边长 $h = 400 \text{mm}$,采用 C25 混凝土和 HPB300 级钢筋。构件处于 I 类环境条件,安全等级为二级。试计算截面所需的抗扭钢筋。

(2)钢筋混凝土 T 形截面受扭构件如图 5-1 所示,承受设计扭矩 $T_d = 28.5 \text{kN} \cdot \text{m}$。拟采用 C40 混凝土,箍筋采用 HPB300 级钢筋,纵筋采用 HRB400 级钢筋。I 类环境条件,安全等级为二级。试进行截面抗扭配筋设计,并复核其抗扭承载力。

(3)钢筋混凝土箱形截面如图 5-2 所示,承受设计扭矩 $T_d = 2910.5 \text{kN} \cdot \text{m}$。采用 C50 混凝土,箍筋采用 HPB300 级钢筋,纵筋采用 HRB400 级钢筋。I 类环境条件,安全等级为二级。试进行截面抗扭配筋设计。

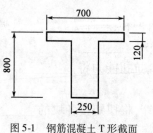

图 5-1　钢筋混凝土 T 形截面
（尺寸单位:mm）

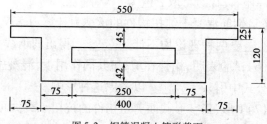

图 5-2　钢筋混凝土箱形截面
（尺寸单位:cm）

(4)矩形截面钢筋混凝土弯剪扭构件已知条件同(1)题,截面除承受扭矩作用外,还承受设计弯矩 $M_d = 112 \text{kN} \cdot \text{m}$,设计剪力 $V_d = 105 \text{kN}$,试计算截面所需纵筋、箍筋用量,并选配钢筋,作配筋图。

(5)钢筋混凝土 T 形截面弯剪扭构件已知条件同(2)题,承受弯矩设计值 $M_d = 745 \text{kN} \cdot \text{m}$,剪力设计值 $V_d = 239.7 \text{kN}$,扭矩设计值 $T_d = 28.5 \text{kN} \cdot \text{m}$。试进行截面配筋设计。

第6章 轴心受压构件的正截面承载力计算

6.1 学 习 指 导

本章主要讲述了轴心受压构件的受力特征及承载力计算。

通过本章学习,应掌握轴心受压构件正截面受压承载力计算;充分理解长细比对构件承载力影响的物理意义;了解实际工程中轴心受压构件的应用情况;掌握轴心受压构件的受力全过程及破坏形态;熟悉轴心受压构件的构造要求。

6.1.1 本章主要内容及学习要求

在实际工程结构中,由于混凝土材料的非匀质性、纵向钢筋的不对称布置、荷载作用位置的不准确及施工时不可避免的尺寸误差等原因,使得真正的轴心受压构件几乎不存在。但在设计承受荷载的多层房屋内柱、桥梁的桥墩及桁架的受压腹杆等构件时,其截面上的弯矩很小,以承受轴向压力为主,可近似地按轴心受压构件计算。

一般把轴心受压构件按照箍筋的作用及配置方式的不同分为两种:配有纵向钢筋和普通箍筋的柱,简称普通箍筋柱;配有纵向钢筋和螺旋式或焊接环式箍筋的柱,统称螺旋箍筋柱。

1)截面形式及尺寸

为便于制作模板,轴心受压构件截面一般采用方形或矩形,有时也采用圆形或多边形。偏心受压构件一般采用矩形截面,但为了节约混凝土和减轻柱的自重,特别是在装配式柱中,较大尺寸的柱常常采用工形截面。拱结构的肋常做成 T 形截面。采用离心法制造的柱、桩、电杆以及烟囱、水塔支筒等常采用环形截面。

方形柱的截面尺寸不宜小于 $250mm \times 250mm$。为了避免矩形截面轴心受压构件长细比过大,承载力降低过多,常取 $l_0/b \leqslant 30$,$l_0/b \leqslant 25$。此处 l_0 为柱的计算长度,b 为矩形截面短边边长,h 为长边边长。此外,为了施工支模方便,柱截面尺寸宜采用整数,800mm 及以下的,宜取 50mm 的倍数,800mm 以上的,可取 100mm 的倍数。

对于工形截面,翼缘厚度不宜小于 120mm,因为翼缘太薄,会使构件过早出现裂缝,同时在靠近柱底处的混凝土容易在车间生产过程中碰坏,影响柱的承载力和使用年限。腹板厚度不宜小于 100mm,地震区采用工形截面柱时,其腹板宜再加厚些。

2)材料强度要求

混凝土强度等级对受压构件的承载能力影响较大。为了减小构件的截面尺寸,节省钢材,宜采用较高强度等级的混凝土,一般采用 C30、C35、C40。对于高层建筑的底层柱,必要时可采用高强混凝土。纵向钢筋一般采用 HRB400 级、RRB400 级和 HRB500 级钢筋,不宜采用高强度钢筋,这是由于它与混凝土共同受压时,不能充分发挥其高强度的作用。箍筋一般采用 HPB300 级钢筋,也可采用 HRB400 级钢筋。

3）纵筋和箍筋

柱中纵向钢筋直径不宜小于12mm；全部纵向钢筋的配筋率不宜大于5%，全部纵向钢筋配率不应小于最小配筋百分率$\rho_{\min}$（%），且截面一侧纵向钢筋配筋率不应小于0.2%。

为了能箍住纵筋，防止纵筋压曲，柱及其他受压构件中的周边箍筋应做成封闭式；其间距在绑扎骨架中不应大于$15d$（d为纵筋最小直径），且不应大于400mm，且不应大于构件横截面的短边尺寸。箍筋直径不应小于$d/4$（d为纵筋最大直径），且不应小于8mm。

4）普通箍筋柱

最常见的轴心受压柱是普通箍筋柱。纵筋的作用是提高柱的承载力，减小构件的截面尺寸，防止因偶然偏心产生的破坏，改善破坏时构件的延性和减小混凝土的徐变变形。箍筋能与纵筋形成骨架，并防止纵筋受力后外凸。

对于轴心受压长柱，轴向压力的可能初始偏心影响不能忽略。长柱的破坏荷载低于其他条件相同的短柱破坏荷载，长细比越大，承载能力降低越多。其原因在于，长细比越大，由于各种偶然因素造成的初始偏心距将越大，从而产生的附加弯矩和相应的侧向挠度也越大。对于长细比很大的细长柱，还可能发生失稳破坏现象。规范采用一个降低系数φ来反映这种承载力随长细比增大而降低的现象，并称之为"稳定系数"。该系数主要与构件的长细比（l_0/b）有关。此外，在长期荷载作用下，由于混凝土的徐变，侧向挠度将增大更多，从而使长柱的承载力降低的更多，长期荷载在全部荷载中所占的比例越多，其承载力降低得越多。

根据轴心受压构件受力分析，通过建立平衡方程，并考虑长细比影响的稳定系数和可靠度调整系数0.9，普通箍筋柱轴心受压正截面承载力的计算公式为：

$$\gamma_0 N_d \leq N_u = 0.9\varphi(f_{cd}A + f'_{sd}A'_s)$$

式中：N_u——轴向压力设计值；

φ——钢筋混凝土构件的稳定系数，与长细比有关，可查表；

f_{cd}——混凝土的轴心抗压强度设计值，可查表；

A——构件截面面积，当纵向钢筋配筋率大于0.03时，A改为A_n，$A_n = A - A'_s$；

f'_{sd}——纵向钢筋的抗压强度设计值，可查表；

A'_s——全部纵向钢筋的截面面积。

构件计算长度与构件两端支承情况有关，当两端铰支时，取$l_0 = l$（l是构件实际长度）；当两端固定时，取$l_0 = 0.5l$；当一端固定，一端铰支时，取$l_0 = 0.7l$；当一端固定，一端自由时，取$l_0 = 2l$。在实际结构中，构件端部的连接不像上面几种情况那样理想、明确，这会在确定l_0时遇到困难。为此《公路桥规》对柱等的计算长度作了具体规定。

当现浇钢筋混凝土轴心受压构件截面长边或直径小于300mm时，考虑到施工质量对小截面构件承载力的敏感性，上式中混凝土强度设计值应乘以0.8（构件质量确定有保证时不受此限制）。

5）螺旋箍筋柱

当轴心受压构件承受的轴向荷载设计值较大，同时其截面尺寸由于建筑上及使用上的要求而受到限制，若按配有纵筋和普通箍筋的柱来计算，即使提高混凝土强度等级和增加了纵筋用量仍不能满足承受该荷载的计算要求时，可考虑采用配有螺旋式箍筋的柱，以提高构件的承载能力。不过，在地震区，配置螺旋式箍筋却不失为一种提高轴心受压构件延性的有力措施。

螺旋箍筋柱利用了混凝土处于三向受压状态下时其抗压强度提高的原理。通过沿柱高配置间距较密的螺旋筋(或焊接钢环),对螺旋筋所包围的核心面积内的混凝土产生套箍作用,有效地约束混凝土受压时的横向变形,从而提高柱的承载力及延性。

试验表明,受到径向压应力作用的约束混凝土纵向抗压强度可提高。通过隔离体的平衡条件可以求得当螺旋筋达到屈服强度时所能提供给核心混凝土的径向压应力,最终螺旋箍筋柱在核心混凝土及纵筋的共同抗力下达到轴压极限承载力。将螺旋筋按体积相等的条件,换算成纵向钢筋面积 A_{ss0},即得到螺旋箍筋柱的计算公式:

$$\gamma_0 N_d \leqslant N_u = 0.9(f_{cd} A_{cor} + k f_{sd} A_{s0} + f'_{sd} A'_s)$$

$$A_{s0} = \frac{\pi d_{cor} A_{s01}}{s}$$

式中: f_{sd}——箍筋抗拉强度设计值;

A_{s0}——螺旋式或焊接环式箍筋的换算截面面积;

A_{cor}——混凝土核心截面面积,取箍筋内表面范围内的混凝土截面面积;

A_{s01}——螺旋式或焊接环式单根间接钢筋的截面面积;

s——箍筋沿构件轴线方向的间距。

上式中右边第一项为核心混凝土在无侧向约束时所承担的轴力,第二项为纵筋承担的轴力,第三项代表受到了螺旋箍筋约束后,核心混凝土所承担的轴力的提高部分。

在设计螺旋箍筋柱时,为保证在使用荷载作用下,箍筋外层混凝土不会过早剥落,应使螺旋箍筋柱的极限承载力不大于普通箍筋柱极限承载力的 1.5 倍;配有螺旋式或焊接式箍筋的柱中,如在正截面受压承载力计算中考虑间接钢筋的作用时,箍筋间距不应大于80mm及 $d_{cor}/5$,且不宜小于40mm, d_{cor} 为按箍筋内表面确定的核心截面直径;同时为保证螺旋箍筋能发挥作用,应限制柱的长细比 $l_0/b \leqslant 12$,避免这种柱的承载力由于侧向挠曲引起附加偏心距而降低;并规定按螺旋箍筋柱计算的极限承载力不小于普通箍筋柱极限承载力;为保证有足够的间接钢筋对混凝土起到有效的约束作用,规定间接钢筋的换算面积不小于纵筋全部截面面积的25%。

6.1.2 本章的难点及学习时应注意的问题

(1)对于这一部分的学习,应理解在受压过程中混凝土及钢筋的应力变化,短柱与长柱的破坏现象有何不同及稳定系数 φ 的物理意义,并能熟练地应用于基本公式进行轴心受压构件承载力计算。

(2)对于轴心受压构件,除了掌握计算方法和构造要求以外,应着重了解细长的轴心压柱往往发生纵向弯曲,从而使长柱的破坏荷载小于短柱。在设计中是以稳定系数 φ 来反映纵向弯曲对柱子承载力降低的影响。

(3)螺旋箍筋能提高构件的承载力,使极限变形增大,大大增加构件的延性,提高抗震能力,对这种配筋方式的特点应该充分地了解。

6.2 综合练习

1. 单项选择题

(1)在钢筋混凝土轴心受压构件中,宜采用( )。

A. 在钢筋面积不变的前提下,宜采用直径较小的钢筋

B. 较高强度等级的混凝土

C. 较高强度的纵向受力钢筋

(2)钢筋混凝土轴心受压构件中稳定系数是考虑了(　　)。

A. 初始偏心距的影响　　　　　　　　B. 荷载长期作用的影响

C. 两端约束情况的影响　　　　　　　D. 附加弯矩的影响

(3)对于高度、截面尺寸、配筋完全相同的柱,以支承条件为(　　)时,其轴心受压承载力最大。

A. 两端嵌固　　　　　　　　　　　　B. 一端嵌固,一端固定铰支

C. 两端固定铰支　　　　　　　　　　D. 一端嵌固,一端自由

(4)对长细比大于 12 的柱不宜采用螺旋箍筋,其原因是(　　)。

A. 这种柱的承载力较高

B. 施工难度大

C. 抗震性能不好

D. 这种柱的强度将由于纵向弯曲而降低,螺旋箍筋作用不能发挥

(5)配有螺旋箍筋的受压柱,其极限承载力提高的原因是(　　)。

A. 螺旋箍筋增加了受压钢筋的截面面积

B. 螺旋箍筋与混凝土一起受压

C. 螺旋箍筋约束了核心混凝土的横向变形

D. 螺旋箍筋防止纵向受力压屈

(6)钢筋混凝土轴心受压构件,两端约束情况越好,则稳定系数(　　)。

A. 越大　　　　　　　　　　　　　　B. 越小

C. 不变　　　　　　　　　　　　　　D. 变化趋势不定

(7)轴心受压短柱在钢筋屈服前,随着压力的增加,混凝土压应力的增长速率(　　)。

A. 比钢筋快　　　　　　　　　　　　B. 线性增长

C. 比钢筋慢　　　　　　　　　　　　D. 与钢筋相等

(8)规范规定,按螺旋箍筋柱计算的承载力不得超过普通柱的 1.5 倍,这是为了(　　)。

A. 在正常使用阶段外层混凝土不致脱落

B. 不发生脆性破坏

C. 限制截面尺寸

D. 保证构件的延性

(9)圆形截面螺旋箍筋柱,若按普通钢筋混凝土柱计算,其承载力为 300kN,若按螺旋箍筋柱计算,其承载力为 500kN,则该柱的承载力应为(　　)。

A. 400kN　　　　　　B. 300kN　　　　　　C. 500kN　　　　　　D. 450kN

(10)螺旋箍筋柱的核心区混凝土抗压强度高于 f_c 是因为(　　)。

A. 螺旋箍筋参与受压

B. 螺旋箍筋使核心区混凝土密实

C. 螺旋箍筋约束了核心区混凝土的横向变形

D. 螺旋箍筋使核心区混凝土中不出现内裂缝

2. 判断题

（1）轴心受压构件纵向受压钢筋配置越多越好。（　　）

（2）轴心受压构件中的箍筋应做成封闭式的。（　　）

（3）实际工程中没有真正的轴心受压构件。（　　）

（4）轴心受压构件的长细比越大，稳定系数值越高。（　　）

（5）轴心受压构件计算中，考虑受压时纵筋容易压曲，所以钢筋的抗压强度设计值最大，取为 $400N/mm^2$。（　　）

（6）螺旋箍筋柱既能提高轴心受压构件的承载力，又能提高柱的稳定性。（　　）

（7）为了减小轴心受压柱的截面面积，宜采用高强度混凝土和高强度钢筋。（　　）

3. 填空题

（1）钢筋混凝土轴心受压构件按照箍筋的功能和配置方式的不同可分为两种：_____和_____。

（2）普通箍筋的作用是：_____。

（3）螺旋箍筋的作用是使截面中间部分（核心）混凝土成为约束混凝土，从而提高构件的_____和_____。

（4）按照构件的长细比不同，轴心受压构件可分为_____和_____两种。

（5）在长柱破坏前，横向挠度增加得很快，使长柱的破坏得比较突然，导致_____。

（6）纵向弯曲系数主要与构件的_____有关。

4. 简答题

（1）配置普通箍筋的钢筋混凝土轴心受压构件中箍筋的作用是什么？

（2）配置螺旋箍筋的钢筋混凝土轴心受压柱承载力提高的原因是什么？

（3）轴心受压构件设计时，如果用高强度钢筋，其设计强度应如何取值？

（4）轴心受压构件设计时，纵向受力钢筋和箍筋的作用分别是什么？

（5）简述轴心受压构件由徐变引起的应力重分布。（轴心受压柱在恒定荷载的作用下会产生什么现象？对截面中纵向钢筋和混凝土的应力将产生什么影响？）

（6）进行螺旋箍筋柱正截面受压承载力计算时，有哪些限制条件？为什么要做出这些限制？

（7）简述轴心受压构件的受力及破坏过程。

5. 计算题

（1）截面尺寸为 $b×h=400mm×400mm$ 的钢筋混凝土轴心受压柱，计算长度 $l_0=6m$，承受轴向力设计值 $N=2875kN$，采用 C30 混凝土（$f_c=13.8N/mm^2$），HRB400 级钢筋作为纵向受力钢筋（$f'_{sd}=330N/mm^2$）。

试求：①纵向受力钢筋面积，并选择钢筋直径、根数；②选择箍筋直径、间距。

（2）某大厅浇筑钢筋混凝土圆柱，直径 $d=550mm$，Ⅰ类环境，承受轴心压力设计值 $N=6500kN$，从基础顶面至二层楼面高度 $H=5.8m$。混凝土采用 C40，纵筋采用 HRB400，箍筋采用 HPB300，试进行其配筋计算。

第7章　偏心受压构件的正截面承载力设计

7.1　学习指导

在实际工程中,绝大多数受压构件在承受轴向压力的同时又承受弯矩,即为偏心受压构件。本章主要介绍偏心受压构件正截面受压的受力特征和破坏形态,偏心距的计算,偏心受压长柱弯矩的二阶效应,偏心受压构件正截面承载力基本计算公式及适用条件,偏心受压构件正截面承载力计算方法及一般构造要求。

通过本章学习,除掌握受压构件的承载力外,同时还应掌握受压构件在截面形状、截面尺寸、混凝土强度、纵向钢筋及箍筋的选用等方面的构造知识,能够对一般的受压构件进行计算。

7.1.1　本章主要内容及学习要求

1)偏心受压构件正截面受力特征和破坏形态

当轴向压力 N 的作用线偏离受压构件的轴线或截面同时作用了轴向压力 N 及弯矩 M(偏心距 $e_0 = M/N$)时,称为偏心受压构件。

偏心受压构件分为大偏心受压与小偏心受压构件两类,掌握大偏心受压构件、小偏心受压构件的区分界限,掌握大偏心受压构件、小偏心受压构件的判别条件,理解这两种受压构件的受力特征及其破坏形态,掌握受拉破坏和受压破坏的本质区别在于远离轴向压力一侧的钢筋能否屈服,两者的共同点是破坏时近侧钢筋屈服,受压区混凝土被压碎。

对于偏心受压构件截面承载力 N 与 M 的关系,这部分内容首先应当了解相关曲线图上的任意一点代表一组内力 (M,N),搞清楚当点在曲线内、曲线上及曲线外时的含义。同时应掌握若遇多组内力组合,对大偏心受压构件及小偏心受压构件,应如何分别选取最不利的内力组合。

2)偏心受压构件的纵向弯曲

钢筋混凝土受压构件在承受偏心压力作用后,将产生纵向弯曲变形,即会产生侧向变形。偏心受压长柱在纵向弯曲影响下,可能发生失稳破坏和材料破坏两种破坏类型。理解失稳破坏和材料破坏的本质,掌握偏心距增大系数 η 的计算表达式,这对我们了解偏心受压构件的正截面受力性能和截面设计计算很重要。

3)矩形截面偏心受压构件

由于偏心受压正截面破坏特征与受弯构件正截面破坏特征类似,故其正截面受压承载力计算仍采用与受弯构件正截面承载力计算相同的基本假定,混凝土压应力图形也采用等效矩形应力分布图形。这部分学习的具体要求是能画出计算应力图形,借助两个平衡方程,推导出大偏心受压构件、小偏心受压构件的基本公式,了解公式的适用范围;掌握对称配筋和非对称配筋大偏心受压构件、小偏心受压构件的判别条件;能够正确熟练地运用基本公式进行大偏心受压构件、小偏心受压构件的截面设计及承载力复核。

4）工字形和 T 形截面偏心受压构件

试验研究和计算分析表明,工字形、箱形和 T 形截面受压构件的破坏形态、计算方法及原则均与矩形截面偏心受压构件相同,也分为大偏心受压构件和小偏心受压构件,仅截面的几何特征值不同。需熟练掌握工字形截面偏心受压构件的正截面承载力计算方法,包括截面设计与截面复核的方法及适用条件。

5）圆形截面偏心受压构件

正截面承载力计算的基本假定是推导出正截面承载力计算基本公式的前提条件;掌握圆形截面偏心受压构件正截面承载力计算图式;能够根据平衡条件写出平衡方程;掌握圆形截面受压构件的正截面承载力计算方法,包括截面设计和截面复核。

7.1.2　本章的难点及学习时应注意的问题

(1)本章偏心受压构件承载力设计计算的思路与受弯构件基本上是相似的,需要稳固扎实地理解和掌握偏心受压构件的受力特征和破坏形态。

(2)本章是学习钢筋混凝土结构设计原理的重点、难点,熟练掌握偏心受压构件的正截面承载力计算方法,包括截面设计与截面复核的方法及适用条件。

(3)本章学习的难点是偏心受压构件纵向弯曲的考虑;小偏心受压构件的截面设计和承载力复核的具体计算以及偏心受压构件截面承载能力 N 与 M 的关系。

7.2　综　合　练　习

1. 单项选择题

(1)偏心受压构件破坏始于混凝土压碎者为(　　　)。

  A. 受压破坏   B. 大偏心受压破坏

  C. 受拉破坏   D. 界限破坏

(2)何种情况下设计时可用 ξ 来判别大小偏心受压构件?(　　　)

  A. 对称配筋时   B. 非对称配筋时

  C. 对称与非对称配筋时均可

(3)偏心受压构件计算中,通过哪个因素来考虑二阶偏心距的影响?(　　　)

  A. e_0 B. e_a

  C. e_i D. η

(4)由 $N-M$ 相关曲线可以看出,下面观点不正确的是(　　　)。

  A. 小偏心受压情况下,随着 N 的增加,正截面受弯承载力随之减小

  B. 大偏心受压情况下,随着 N 的增加,正截面受弯承载力随之减小

  C. 界限破坏时,正截面受弯承载力达到最大值

  D. 对称配筋时,如果截面尺寸和形状相同,混凝土强度等级和钢筋级别也相同,但配筋数量不同,则在界限破坏时,它们的 N_u 是相同的

（5）对称配筋大偏心受压构件的判别条件是（　　）。

A. $e_0 \leqslant 0.3h_0$　　　　　　　　　　B. $\eta e_0 > 0.3h_0$

C. $x \leqslant \xi_b h_0$　　　　　　　　　　D. A_s' 屈服

（6）钢筋混凝土偏心受压构件，其大、小偏心受压的根本区别是（　　）。

A. 截面破坏时，受拉钢筋是否屈服

B. 截面破坏时，受压钢筋是否屈服

C. 偏心距大小

D. 混凝土是否达到极限压应变

（7）在钢筋混凝土大偏心受压构件的正截面承载力计算中，要求受压区计算高度 $x \geqslant 2a'$，是为了（　　）。

A. 保证受压钢筋在构件破坏时达到其抗压强度设计值 f_y'

B. 保证受拉钢筋屈服

C. 避免保护层脱落

D. 保证受压混凝土在构件破坏时能达到极限压应变

（8）钢筋混凝土大偏心受压构件的破坏特征是（　　）。

A. 远侧钢筋受拉屈服，随后近侧钢筋受压屈服，混凝土也被压碎

B. 近侧钢筋受拉屈服，随后远侧钢筋受压屈服，混凝土也被压碎

C. 近侧钢筋和混凝土应力不定，远侧钢筋受拉屈服

D. 远侧钢筋和混凝土应力不定，近侧钢筋受拉屈服

（9）试确定属大偏心受压的下面四组内力中最不利的一组内力是（　　）。

A. N_{max}，M_{max}　　　　　　　　　　B. N_{max}，M_{min}

C. N_{min}，M_{max}　　　　　　　　　　D. N_{min}，M_{min}

（10）试确定属小偏心受压的下面四组内力中最不利的一组内力是（　　）。

A. N_{max}，M_{max}　　　　　　　　　　B. N_{max}，M_{min}

C. N_{min}，M_{max}　　　　　　　　　　D. N_{min}，M_{min}

2. 判断题

（1）小偏心受压破坏的特点是，混凝土先被压碎，远端钢筋没有受拉屈服。（　　）

（2）对称配筋时，如果截面尺寸和形状相同，混凝土强度等级和钢筋级别也相同，但配筋数量不同，则在界限破坏时，它们的 N_u 是相同的。（　　）

（3）钢筋混凝土大偏心变压构件的破坏特征是远侧钢筋受拉屈服，随后近侧钢筋受压屈服，混凝土也被压碎。（　　）

（4）判别大偏心受压构件破坏的本质条件是 $\eta e_0 > 0.3h_0$。（　　）

（5）大偏心受压构件存在混凝土受压区。（　　）

（6）如果 $\xi > \xi_b$，说明是小偏心受压破坏。（　　）

（7）细长柱的受压破坏一般属于"材料破坏"。（　　）

（8）对大偏心受压构件，当 M 不变时，N 越大越危险。（　　）

（9）对小偏心受压构件，当 M 不变时，N 越小越安全。（　　）

3. 填空题

(1)偏心受压构件的受拉破坏特征是_____通常称之为_____;偏心受压构件的受压破坏特征是_____通常称之为_____。

(2)对于偏心受压构件的某一特定截面(材料、截面尺寸及配筋率已定),当两种荷载组合同为大偏心受压时,若内力组合中弯矩 M 值相同,则轴力 N 越_____就越危险;当两种荷载组合同为小偏心受压时,若内力组合中轴向力 N 值相同,则弯矩 M 越_____就越危险。

(3)矩形截面大偏心受压构件,若计算所得的 $\xi \leqslant \xi_b$,可保证构件破坏时_____;若 $x = \xi_b h_0 \geqslant 2a'_s$ 可保证构件破坏时_____。

(4)偏心受压构件可能由于柱子长细比较大,在与弯矩作用平面相垂直的平面内发生而破坏。在这个平面内没有弯矩作用,因此应按受压构件进行承载力复核,计算时须考虑_____、_____、_____的影响。

(5)对于大偏心受压构件,轴向压力增加会使构件的_____提高。

(6)钢筋混凝土偏心受压构件按长细比可分为_____、_____和_____。

(7)实际工程中最常遇到的是长柱,由于最终破坏是_____,因此,在设计计算中需考虑由于构件侧向挠度而引起的_____的影响。

(8)试验研究表明,钢筋混凝土圆形截面偏心受压构件的破坏,最终表现为_____。

4. 简答题

(1)判别大、小偏心受压破坏的条件是什么?大、小偏心受压的破坏特征分别是什么?

(2)短柱和长柱偏心受压有何本质的区别?偏心距增大系数的物理意义是什么?

(3)偏心距增大系数与哪些因素有关?

5. 计算题

(1)已知某桥墩计算长度 $l_0 = 6m$,其截面尺寸为 $b \times h = 300mm \times 500mm$,承受轴心压力设计值 $N_d = 2350kN$,混凝土强度等级为 C30,钢筋为 HRB400 级,安全等级为二级,环境条件为 I 类,求所需纵向受压钢筋并选配箍筋,作配筋图。

(2)已知某墩台承受的轴心压力设计值 $N_d = 1970kN$,其截面尺寸为 $b \times h = 400mm \times 400mm$,计算长度 $l_0 = 4.5m$,混凝土强度等级为 C30,钢筋为 HRB400 级,安全等级为二级,环境条件为 II 类,求所需纵向受压钢筋并选配箍筋,作配筋图。

(3)一拱上轴心受力构件,其截面尺寸为 $b \times h = 500mm \times 800mm$,计算长度 $l_0 = 8m$,安全等级为二级,环境条件为 II 类,承受轴向力设计值 $N_d = 4356kN$。混凝土强度等级为 C30,配置有 HRB400 钢筋 ($A'_s = 3041\ mm^2$)。试复核该构件是否安全。

(4)一拱上圆形截面轴心受力构件,其截面尺寸为 $d = 600mm$,计算长度 $l_0 = 4.8m$,承受轴心力设计值 $N_d = 4235kN$。安全等级为二级,环境条件为 I 类。混凝土强度等级为 C30,纵向钢筋采用 HRB400。试按螺旋箍筋柱配置该构件所需钢筋。

(5)有一螺旋箍筋柱,其截面尺寸为 $d = 500mm$,计算长度 $l_0 = 5.8m$,混凝土强度等级为 C30,配置有 HRB400 受压钢筋 6Φ25 ($A'_s = 2945\ mm^2$),HRB300 螺旋箍筋直径 $\phi 10$,螺距 $s = 70mm$。安全等级为二级,环境条件为 II 类,试计算该受压构件的承载力。

（6）有一螺旋箍筋柱（拱上构件）安全等级为二级，环境条件为Ⅲ类，其截面尺寸为 $d=600mm$，计算长度 $l_0=4.5m$，混凝土强度等级为 C30，配置有 HRB400 纵向钢筋 6Φ25（$A'_s=2945\ mm^2$），HRB300 螺旋箍筋直径 $\phi10$，螺距 $s=40mm$。试计算该受压构件的承载力。

（7）已知某桥墩承受轴向力设计值 $N_d=300kN$，弯矩设计值 $M_d=200kN\cdot m$ 其截面尺寸为 $b\times h=300mm\times600mm$，计算长度 $l_0=6m$。混凝土强度等级为 C30，钢筋为 HRB400 级。安全等级为一级，环境条件为Ⅰ类。求所需纵向钢筋并配置箍筋，做出配筋图。

（8）已知某桥墩承受轴向力设计值 $N_d=450kN$，弯矩设计值 $M_d=225kN\cdot m$。其截面尺寸为 $b\times h=250mm\times550mm$，计算长度 $l_0=6m$。混凝土强度等级为 C30，钢筋为 HRB400 级。安全等级为二级，环境条件为Ⅰ类。求所需纵向钢筋并配置箍筋，做出配筋图。

（9）已知某桥墩承受轴向力设计值 $N_d=925kN$，弯矩设计值 $M_d=129.5kN\cdot m$。其截面尺寸为 $b\times h=300mm\times600mm$，计算长度 $l_0=7m$。混凝土强度等级为 C30，钢筋为 HRB400 级。安全等级为二级，环境条件为Ⅱ类。求所需纵向钢筋并配置箍筋，做出配筋图。

（10）已知某桥墩承受轴向力设计值 $N_d=1025kN$，弯矩设计值 $M_d=129.5kN\cdot m$。其截面尺寸为 $b\times h=300mm\times600mm$，计算长度 $l_0=3.0m$。混凝土强度等级为 C30，钢筋为 HRB400 级。安全等级为二级，环境条件为Ⅱ类。求所需纵向钢筋并配置箍筋，做出配筋图。

（11）有一矩形截面偏心受压构件，截面尺寸为 $b\times h=300mm\times600mm$，计算长度 $l_0=5m$。承受轴向力设计值 $N_d=553.6kN$，弯矩设计值 $M_d=359.84kN\cdot m$。混凝土强度等级为 C30，钢筋为 HRB400 级。安全等级为二级，环境条件为Ⅱ类。已配置受压钢筋 3 ⽥ 22（$A'_s=1140mm^2$），求所需纵向受拉钢筋。

（12）有一矩形截面偏心受压构件，承受轴向力设计值 $N_d=455.5kN$，弯矩设计值 $M_d=236.86kN\cdot m$。截面尺寸为 $b\times h=250mm\times650mm$，计算长度 $l_0=4.5m$。混凝土强度等级为 C30，钢筋为 HRB400 级。安全等级为二级，环境条件为Ⅱ类。已配置受压钢筋 3 ⽥ 28（$A'_s=1847\ mm^2$），求所需纵向受拉钢筋。

（13）已知某偏心受压构件，初始偏心距 $e_0=569mm$，截面尺寸为 $b\times h=300mm\times600mm$，计算长度 $l_0=2.5m$。混凝土强度等级为 C30，钢筋为 HRB400 级。安全等级为二级，环境条件为Ⅱ类。已配置纵向钢筋为 A'_s 为 2 ⽥ 20（$A'_s=628\ mm^2$），纵向钢筋 A_s 为 3 ⽥ 28（$A_s=1847mm^2$），试计算该构件的抗压承载力。

（14）已知某偏心受压构件，初始偏心距 $e_0=823mm$，截面尺寸为 $b\times h=300mm\times600mm$，计算长度 $l_0=2.5m$。混凝土强度等级为 C30，钢筋为 HRB400 级。安全等级为二级，环境条件为Ⅱ类。已配置纵向钢筋 A'_s 为 2 ⽥ 25（$A'_s=982\ mm^2$），纵向钢筋 A_s 为 3 ⽥ 22（$A_s=1140\ mm^2$），试计算该构件的抗压承载力。

（15）已知某偏心受压构件，承受轴向力设计值 $N_d=455.5kN$，初始偏心距 $e_0=524mm$。截面尺寸 $b\times h=250mm\times550mm$ 为，计算长度 $l_0=2.7m$。混凝土强度等级为 C30，钢筋为 HRB400 级。安全等级为二级，环境条件为Ⅰ类。已配置纵向钢筋 $A'_s=509\ mm^2$（2 ⽥ 18），$A_s=1140\ mm^2$（3 ⽥ 22），试复核该受压构件的承载力。

（16）已知某桥墩承受轴向力设计值 $N_d=423kN$，弯矩设计值 $M_d=185kN\cdot m$。其截面尺寸为 $b\times h=200mm\times500mm$，计算长度 $l_0=2.5m$。混凝土强度等级为 C30，钢筋为 HRB400

级。安全等级为二级,环境条件为Ⅰ类。采用对称配筋,求所需纵向钢筋并配置箍筋,做出配筋图。

(17)已知某桥墩承受轴向力设计值$N_d = 1147kN$,弯矩设计值$M_d = 187kN \cdot m$。其截面尺寸为$b \times h = 250mm \times 600mm$,计算长度$l_0 = 3m$。混凝土强度等级为C30,钢筋为HRB400级。安全等级为二级,环境条件为Ⅰ类。采用对称配筋,求所需纵向钢筋并配置箍筋,做出配筋图。

(18)已知某桥墩承受轴向力设计值$N_d = 2945kN$,弯矩设计值$M_d = 58.9kN \cdot m$。其截面尺寸为$b \times h = 300mm \times 600mm$,计算长度$l_0 = 3m$。混凝土强度等级为C30,钢筋为HRB400级。安全等级为二级,环境条件为Ⅰ类。采用对称配筋,求所需纵向钢筋并配置箍筋,做出配筋图。

(19)已知某对称配筋偏心受压构件,截面尺寸为$b \times h = 250mm \times 500mm$,计算长度$l_0 = 2.5m$。混凝土强度等级为C30,钢筋为HRB400级。安全等级为二级,环境条件为Ⅰ类。截面两侧已分别配置纵向钢筋$3 \oplus 20 (A_s = A'_s = 942 mm^2)$。若初始偏心距$e_0 = 465mm$,试计算该受压构件的抗压承载力。

(20)已知某偏心受压构件对称配筋,承受轴向力设计值$N_d = 539kN$,初始偏心距$e_0 = 156mm$。截面尺寸为$b \times h = 250mm \times 600mm$,计算长度$l_0 = 3m$。混凝土强度等级为C30,钢筋为HRB400级。安全等级为二级,环境条件为Ⅰ类。截面两侧已分别配置纵向钢筋$3 \oplus 25 (A_s = A'_s = 1473 mm^2)$,试复核该受压构件是否安全。

第8章 受拉构件的承载力计算

8.1 学 习 指 导

钢筋混凝土受拉构件常用于钢筋混凝土桁架的拉杆、工业厂房中双肢柱的肢杆等结构构件中。按轴向拉力作用位置的不同,分为轴心受拉和偏心受拉。其截面上一般作用有轴向拉力、弯矩和剪力。本章的讨论仅限于工程中常用的矩形截面受拉构件。

本章学习受拉构件在拉力作用下的承载力计算方法。通过本章学习,掌握受拉构件的受力全过程、破坏形态,熟练掌握正截面受拉承载力的计算方法与配筋的主要构造要求。

8.1.1 本章主要内容及学习要求

1)受拉构件的分类

钢筋混凝土受拉构件根据纵向拉力作用的位置分为轴心受拉构件和偏心受拉构件。当纵向拉力作用线与构件截面形心轴线重合时,称为轴心受拉构件;当纵向拉力作用线偏离构件截面形心轴线时,称为偏心受拉构件。

2)轴心受拉构件正截面承载能力计算的基本原则

根据钢筋混凝土轴心受拉构件破坏特征,在进行正截面承载能力计算时假定:混凝土退出工作,轴心拉力全部由钢筋承担;破坏时钢筋应力都达到钢筋抗拉强度设计值。由以上基本假定,得到计算简图。

3)轴心受拉构件正截面承载能力计算

熟练掌握轴心受拉构件的正截面承载力计算方法,截面设计与截面复核均可由正截面承载力计算公式的简单变形进行计算,设计计算完成后应选配钢筋并按比例绘制配筋图。

4)偏心受拉构件正截面受力全过程

偏心受拉构件可分为两类:轴向拉力 N 作用在纵向钢筋 A_s 合力点及 A_s' 合力点之间时,称为小偏心受拉构件;否则,称为大偏心受拉构件。

其中,离轴向拉力 N 较近一侧的纵向钢筋为 A_s,较远一侧的为 A_s'。

小偏心受拉构件全截面受拉,构件破坏时,钢筋 A_s 和 A_s' 的应力都可达到屈服强度。

大偏心受拉构件破坏时首先是受拉钢筋屈服,随后受压区混凝土被压坏,破坏时受压钢筋也达到屈服强度。

受力特征包括梁的裂缝,力的偏心距、钢筋与混凝土的应变、应力、中性轴的变化发展等,学习中要求能正确绘制梁构件截面破坏时的应力分布图并能进行深入分析,概括出其变化规律。深刻理解大、小偏心受拉构件的特征和破坏性质。

5)小偏心受拉构件正截面承载能力计算

熟练掌握小偏心受拉构件的正截面承载力计算方法,包括截面设计与截面复核的方法。

应当指出,偏心受拉构件在轴心拉力和弯矩共同作用下,也发生纵向弯曲,但与偏心受压构件相反,这种纵向弯曲将减少轴向拉力的偏心距。为简化计算,在设计中一般不考虑这种偏心距减小的有利影响。设计计算完成后应选配钢筋并按比例绘制配筋图。

6)大偏心受拉构件正截面承载能力计算

熟练掌握大偏心受拉构件的正截面承载力计算方法,包括截面设计与截面复核的方法,大偏心受拉破坏的计算与大偏心受压计算类似。在截面设计中可能会遇到两种情况,一种为已知 A_s 和 A_s',另一种未知 A_s 和 A_s',应掌握这两种情况的计算方法,同时掌握在计算中如不满足某个适用条件时应采取何种措施进行处理;最后要注意设计计算完成后应选配钢筋并按比例绘制配筋图。

8.1.2 本章的难题及学习时应注意的问题

(1)本章是学习钢筋混凝土结构设计原理的重要章节,其中受拉截面承载力的具体计算步骤在《混凝土结构设计原理》教材中有详细说明,需认真阅读参考。

(2)本章学习重点是轴心受拉、偏心受拉构件的正截面承载力计算;难点是大偏心受拉构件的正截面承载力计算,需注意在不同条件下的不同计算方法。

8.2 综 合 练 习

1. 单项选择题

(1)钢筋混凝土偏心受拉构件中,判别大、小偏心受拉的根据是(   )。

　　A.截面破坏时,受拉钢筋是否屈服

　　B.截面破坏时,受压钢筋是否屈服

　　C.受压一侧混凝土是否压碎

　　D.纵向拉力 N 的作用点的位置

(2)对于钢筋混凝土偏心受拉构件,下面说法错误的是(   )。

　　A.如果 $\xi > \xi_b$,说明是小偏心受拉破坏

　　B.小偏心受拉构件破坏时,混凝土完全退出工作,全部拉力由钢筋承担

　　C.大偏心构件存在混凝土受压区

　　D.大、小偏心受拉构件的判断是依据纵向拉力 N 的作用点的位置

(3)轴心受拉构件从加载至开裂前(   )。

　　A.钢筋与混凝土应力均线性增加

　　B.钢筋应力的增长速度比混凝土快

　　C.钢筋应力的增长速度比混凝土慢

　　D.两者的应力保持相等

(4)在轴心受拉构件混凝土即将开裂的瞬间,钢筋应力大致为(   )。

　　A.400N/mm^2　　　　　　　　　　B.310N/mm^2

　　C.30N/mm^2　　　　　　　　　　D.210N/mm^2

(5)矩形截面对称配筋小偏心受拉构件在破坏时( )。

  A. A'_s受压不屈服   B. A'_s受拉不屈服

  C. A'_s受压屈服   D. A'_s受拉屈服

(6)矩形截面不对称配筋小偏心受拉构件在破坏时( )。

  A. 没有受压区,A'_s受压不屈服   B. 没有受压区,A'_s受拉不屈服

  C. 没有受压区,A'_s受拉屈服   D. 没有受压区,A'_s受压屈服

(7)偏心受拉构件破坏时,( )。

  A. 远边钢筋屈服   B. 近边钢筋屈服

  C. 远边、近边钢筋都屈服   D. 钢筋都不屈服

(8)仅配筋率不同的甲、乙两轴拉构件即将开裂时,其钢筋应力( )。

  A. 甲乙大致相等   B. 甲乙相差很多

  C. 不能确定

(9)以下关于轴心受拉构件和偏心受拉构件的说法,正确的是( )。

  A. 轴心受拉时外荷载由混凝土和钢筋共同承受

  B. 大偏心受拉时外荷载由混凝土和钢筋共同承受

  C. 小偏心受拉时外荷载由混凝土和钢筋共同承受

  D. 大偏心受拉时外荷载只由钢筋承受

2. 判断题

(1)小偏心受拉构件破坏时,混凝土完全退出工作,全部拉力由钢筋承担。( )

(2)大偏心构件存在混凝土受压区。( )

(3)大、小偏心受拉构件的判断是依据纵向拉力 N 的作用点的位置。( )

(4)对于小偏心受拉构件,无论对称配筋还是非对称配筋,纵筋的总用钢量和轴拉构件总用钢量相等。( )

(5)偏心受拉构件与双筋矩形截面梁的破坏形式一样。( )

(6)对称配筋时,如果截面尺寸和形状相同,混凝土强度等级和钢筋级别也相同,但配筋数量不同,则在界限破坏时,它们的 N_u 是相同的。( )

(7)如果 $\xi > \xi_b$,说明是小偏心受拉破坏。( )

(8)在大偏心受拉构件设计时,为使用钢量最省,可取 $x = \xi_b h_0$ 进行计算。( )

(9)和偏心受压构件一样,偏心受拉构件也要考虑偏心距增大系数。( )

3. 填空题

(1)受拉构件可分为_____和_____两类。

(2)小偏心受拉构件的受力特点类似于_____,破坏时拉力全部由_____承受;大偏心受拉构件的受力特点类似于_____或_____构件。破坏时混凝土截面有_____存在。

(3)偏心受拉构件_____的存在,对构件抗剪承载力不利。

(4)受拉构件除进行_____计算外,尚应根据不同情况,进行_____、_____、_____的计算。

（5）偏心受拉构件的配筋方式有_____、_____两种。

（6）受拉构件根据纵向拉力作用的位置可分为_____和_____构件。

（7）偏心受拉构件按其破坏形态可分为大偏心、小偏心受拉两种情况，当_____为大偏心受拉；当_____为小偏心受拉。

（8）钢筋混凝土小偏心受拉构件破坏时全截面_____，拉力全部由_____承担。

（9）在钢筋混凝土偏心受拉构件中，当轴向力 N 作用在 A_s 的外侧时，截面虽开裂，但仍然有_____存在，这类情况称为_____。

4. 简答题

（1）怎么区分大、小偏心受拉构件？它们各自的受力特点是什么，有什么破坏特征？

（2）大偏心受拉构件的正截面承载力计算中，x_b 为什么取值与受弯构件相同？

（3）偏心受拉构件正截面承载力计算是否需要考虑纵向弯曲的影响？

（4）大偏心受拉构件为非对称配筋，如果计算中出现 $x < 2a_s'$ 或负值，怎么处理？

第9章 钢筋混凝土受弯构件的应力、裂缝和变形验算

9.1 学习指导

本章主要学习受弯构件在持久状况正常使用极限状态下的裂缝和变形验算,以及短暂状况下的应力验算。

通过本章学习,应掌握换算截面的计算方法;掌握短暂状况下的应力计算方法;掌握最大弯曲裂缝宽度计算方法,以及挠度计算方法;了解受弯构件的裂缝成因;理解影响裂缝宽度的主要因素;理解抗弯刚度的含义;理解桥梁混凝土结构耐久性概念及耐久性损伤产生的原因,了解结构耐久性设计基本要求。

9.1.1 本章主要内容及学习要求

1)持久状况正常使用极限状态计算的特点

钢筋混凝土构件除了可能由于材料强度破坏或失稳等原因达到承载能力极限状态以外,还可能由于构件变形或混凝土裂缝过大影响了构件的适用性及耐久性而达不到结构正常使用要求。因此,钢筋混凝土构件除要求进行持久状况承载能力极限状态计算外,还要进行持久状况正常使用极限状态的计算。

与承载能力极限状态计算相比,正常使用极限状态的计算概括起来有如下特点,学习中应充分理解和掌握这些特点。

承载能力极限状态计算	正常使用极限状态计算
①破坏阶段(Ⅲ$_a$阶段)	②带裂缝工作阶段(Ⅱ阶段)
②选取材料与截面,设计	②已知材料和截面,验算
③作用组合 作用基本组合(考虑汽车冲击作用)	③作用组合 不考虑汽车冲击作用$\left\{\begin{array}{l}\text{作用频遇组合}\\\text{作用准永久组合}\end{array}\right.$
④塑性理论	④弹性理论

2)换算截面

将钢筋和受压区混凝土两种材料组成的实际截面换算成一种拉压性能相同的假想材料组成的匀质截面,称为构件的换算截面。引入换算截面的目的是为了能够利用材料力学方法计算换算截面几何特性、截面上的应力以及挠度等。

在弹性体假定和平截面假定的前提下,可以推导出钢筋的应力是距中性轴同一水平位置处混凝土应力的α_{E_s}倍。学习中应深刻理解这一重要结论的含义,如果求得了混凝土的应力,

则同一水平位置处钢筋的应力就可以方便得到。只要前述两个前提成立,这一结论就成立,因此可以将这一结论引用到合适场合进行受力分析,如在后续的预应力混凝土结构计算中也将利用这个结论。

3)短暂状况应力验算

短暂状况应力验算是桥梁构件按短暂状况设计时,应计算在制作、运输及安装等施工阶段,由自重、施工荷载等引起的正截面和斜截面的应力,要求不超过规范规定的限值。

短暂状况应力验算有如下特点:

(1)对于受弯构件,可按第Ⅱ工作阶段进行应力计算。采用弹性理论,可采用换算截面的几何特性,利用材料力学的计算公式计算截面上的正应力和主应力。

(2)考虑到施工阶段构件的支承条件、受力图式可能经常发生变化,应取各实际受力图式中最不利的截面进行应力验算。

(3)施工荷载除有特别规定外均采用标准值,当有荷载组合时不考虑荷载组合系数。

(4)吊车行驶在桥梁进行安装时,应对已安装的构件进行验算,吊车的重量应乘以1.15的系数。

(5)进行构件运输和吊装验算时,构件自重应乘以动力系数1.2或0.85。

当钢筋混凝土受弯构件短暂状况下的应力不满足规范限值时,应该调整施工方法,或者补充、调整某些钢筋。

4)受弯构件的裂缝成因

钢筋混凝土结构的裂缝按其产生的原因可分为以下几类:

(1)作用效应(弯矩、剪力、扭矩及拉力等)引起的裂缝;

(2)由外加变形或约束变形引起的裂缝;

(3)钢筋锈蚀裂缝。

为了保证结构构件的耐久性,针对不同的原因引起的裂缝,应采取不同的应对措施。对于非荷载因素引起的裂缝,应从构造上和施工工艺上采取相应措施加以控制。特别是钢筋锈蚀引起的裂缝,会严重影响结构的耐久性;钢筋锈蚀严重时将导致其截面遭到削弱,还将影响到构件的安全性。因此,为了防止钢筋锈蚀裂缝出现,必须保证钢筋有足够的混凝土保护层厚度,同时要保证混凝土的密实性,严格控制侵蚀性介质的掺入。

构件在荷载作用下产生的裂缝,则主要通过对最大裂缝宽度进行验算和在构造措施上加以控制。

5)影响裂缝宽度的主要因素

根据试验结果分析,影响钢筋混凝土构件混凝土裂缝宽度的主要因素有:

钢筋应力 σ_{ss}、钢筋直径 d、配筋率 ρ、保护层厚度 c、钢筋外形、荷载作用性质(短期、长期、重复作用)、构件受力性质(受弯、受拉、偏心受拉等)。应充分理解这些因素对裂缝宽度的影响。

6)最大裂缝宽度验算

《公路桥规》没有直接采用裂缝开展理论得出的结论建立最大裂缝宽度计算公式,而是采用了基于试验数据的数理统计分析方法,即通过分析影响混凝土裂缝宽度的主要因素,利用数理统计方法来处理大量的试验资料而建立混凝土最大裂缝宽度计算公式,这种公式的计算值与实测值比较相符。

如裂缝宽度不满足规范要求,可采取如下措施减小裂缝宽度,如改用较细钢筋、改用带肋钢筋、增大钢筋用量、增加截面高度等。如果上述措施仍不能满足验算要求,则可以考虑采用预应力混凝土,从根本上解决构件裂缝宽度过大的问题。

7)受弯构件的变形(挠度)验算

《公路桥规》对受弯构件的变形(挠度)验算是指:计算作用(或荷载)频遇组合并考虑作用(或荷载)长期效应影响的长期挠度值(扣除结构重力产生的影响值),应满足规定的限值要求。其中考虑作用(或荷载)长期效应的影响,即乘以挠度长期增长系数 η_θ。对结构重力引起的变形则通过设置预拱度来加以消除。

在匀质弹性体换算截面的假定下,钢筋混凝土受弯构件的挠度计算可借用结构力学公式。公式中抗弯刚度 B 则根据钢筋混凝土受弯构件的特点,引入等效抗弯刚度,借以考虑抗弯刚度沿梁长分布不均匀的情况。

8)混凝土结构耐久性

从工程角度来看,混凝土结构的耐久性是指混凝土结构和构件在自然环境、使用环境及材料内部因素的作用下,长期保持材料性能以及安全使用和结构外观要求的能力。

根据国内外广泛的现场调查资料及研究,桥梁混凝土结构和构件耐久性损伤现象主要是钢筋锈蚀和混凝土的劣化。随着时间推移,混凝土结构耐久性损伤的积累与发展导致混凝土结构耐久性下降,严重时会导致结构的安全性降低,甚至破坏。

产生耐久性损伤的原因主要有三个:混凝土碳化、氯离子侵蚀和混凝土冻融破坏。

对混凝土结构和构件设计,除了进行承载能力极限状态和正常使用极限状态计算外,还应进行结构耐久性设计。公路混凝土桥涵耐久性设计应根据其设计使用年限、环境类别及其作用等级进行。混凝土结构耐久性设计包含下列内容。

(1)确定结构和构件的设计使用年限;

(2)确定结构和构件所处的环境类别及其作用等级;

(3)提出原材料、混凝土和水泥基灌浆材料的性能和耐久性控制指标;

(4)采取有利于减轻环境作用的结构形式、布置和构造措施;

(5)对于严重腐蚀环境条件下的混凝土结构,除了对混凝土本身提出相关的耐久性要求外,还应进一步采取必要的防腐蚀附加措施。

9.1.2 本章的难点及学习时应注意的问题

(1)关于裂缝宽度验算。《公路桥规》规定的裂缝宽度限值,是对在作用(或荷载)频遇组合并考虑长期效应组合影响下构件的垂直裂缝而言,不包括施工中混凝土收缩过大、养护不当及渗入氯盐过多钢筋锈蚀等引起的其他非受力裂缝。对裂缝宽度的限制,应从保证结构耐久性、钢筋不被锈蚀及过宽的裂缝影响结构外观、引起人们心理不安两个方面考虑。应理解并切记,在施工上采取切实措施保证混凝土的密实性,在设计中采用必要的保护层厚度,要比用计算控制构件的裂缝宽度重要得多。

在影响裂缝宽度的主要因素中,混凝土保护层厚度 c 是一个重要因素,但这个参数却没有出现在《公路桥规》裂缝宽度计算公式中,其主要原因是,混凝土保护层厚度越大,裂缝宽度越大;但另一方面,保护层越厚,钢筋锈蚀的可能性越小,相当于允许裂缝宽度也相应可以增大。因此保护层厚度对计算裂缝宽度和容许裂缝宽度的影响可大致抵消,故在裂缝宽度计算公式中暂时没有考虑保护层厚度的影响。

另外要提醒注意的是,在实际工程中可能会碰到下述情况,即需要采用与设计不同的钢筋直径进行代换,通常是按照面积相等的原则进行代换,但当代换钢筋的直径比原设计钢筋直径大时,考虑到构件裂缝宽度计算值会相应增大,此时应重新计算裂缝宽度值进行验算。

(2)抗弯刚度问题。与匀质弹性体梁相比,钢筋混凝土构件抗弯刚度的特点是:由于钢筋混凝土构件是带裂缝工作的,裂缝处刚度最小,两裂缝间刚度最大,即抗弯刚度沿梁长是不均匀分布的。因此引入等效抗弯刚度,按在端部弯矩作用下构件转角相等的原则进行换算。采用了等效抗弯刚度,就可把变刚度构件等效为等刚度构件,然后代入结构力学公式计算构件的挠度。

钢筋混凝土构件的抗弯刚度还有另一特点是,随着时间的增长,构件的刚度降低,挠度增大。这有如下几个方面的原因:受压区混凝土发生徐变;受拉区裂缝间混凝土与钢筋之间的黏结逐渐退化,钢筋平均应变增大;受压区与受拉区混凝土收缩不一致,构件曲率增大;混凝土的弹性模量逐渐降低等。因此《公路桥规》引入了挠度长期增长系数 η_θ。

钢筋混凝土构件抗弯刚度的大小受很多因素影响,从截面刚度 EI 中惯性矩 I 的计算式可以看出,其中影响最显著的因素当属截面高度 h。

9.2　综合练习

1. 单项选择题

(1)钢筋混凝土受弯构件进行持久状况正常使用极限状态验算时,(　　　)。

    A. 以弹塑性理论为基础

    B. 与承载能力极限状态计算时的可靠度要求一样

    C. 汽车荷载不计冲击系数

    D. 构件的受压区高度 x 可以近似采用正截面承载力计算时的 x 值

(2)钢筋混凝土受弯构件进行持久状况正常使用极限状态验算时,取用构件受力阶段(　　　)的应力状态。

    A. II   B. II_a

    C. III   D. I_a

(3)钢筋混凝土受弯构件在弹性体假定和平截面假定的前提下,在距中性轴同一高度处钢筋的应力与混凝土应力之比等于(　　　)。

    A. E_s B. E_c

    C. E_c/E_s D. E_s/E_c

(4)配筋率 ρ 不同的两根梁,所用材料、截面尺寸均相同,在即将开裂截面上(　　　)。

    A. 两根梁的受拉钢筋应力近似相同

    B. ρ 小的梁,受拉钢筋的应力小

C. ρ 大的梁,受拉钢筋的应力小

D. 两根梁的受拉区边缘混凝土应变不同

☆(5)受弯构件的弯曲裂缝如果过宽,将导致除(　　)外的后果。

A. 刚度下降,挠度增大,影响构件的正常使用

B. 加速钢筋锈蚀,影响构件耐久性

C. 降低构件的抗弯承载力

D. 影响构件外观,给人不安全感

(6)影响裂缝宽度的主要因素是(　　)。

A. 受拉钢筋的应力、表面形状和直径

B. 荷载持续作用的时间

C. 受拉钢筋的混凝土保护层厚度

D. 以上都是

(7)在不改变钢筋总面积的前提下,减小钢筋直径会使钢筋混凝土构件的裂缝宽度(　　)。

A. 不变　　　　　　　　　　　　B. 增大

C. 减小　　　　　　　　　　　　D. 不确定

☆(8)根据粘结滑移理论,以下说法中错误的是(　　)。

A. 裂缝宽度就是梁段内钢筋与混凝土相对滑移的变形差

B. 受弯构件的裂缝条数越少,则裂缝越宽

C. 受弯构件的裂缝平均间距越小,则裂缝越宽

D. 影响裂缝宽度的主要因素是 $\sigma_s , d/\rho_{te}$

(9)《公路桥规》关于最大裂缝宽度的计算方法采用了(　　)。

A. 粘结滑移理论　　　　　　　　B. 无滑移理论

C. 综合理论　　　　　　　　　　D. 数理统计方法

(10)有一根梁中纵向受拉钢筋按设计要求需配置 $4 \oplus 18 (A_s = 1018 \text{mm}^2)$,施工人员为了利用工地上已有的钢筋,按照等面积代换的原则,用 $3 \oplus 22 (A_s = 1140 \text{mm}^2)$ 代替原设计配筋,则该梁(　　)。

A. 满足设计要求　　　　　　　　B. 需重新验算裂缝宽度

C. 需重新验算挠度　　　　　　　D. 需重新验算正截面承载力

(11)钢筋混凝土受弯构件进行挠度计算时,其抗弯刚度 B 取(　　)。

A. 弯矩最大截面的刚度值　　　　B. 挠度最大截面的刚度值

C. 构件的平均刚度　　　　　　　D. 构件的等效刚度

(12)要提高钢筋混凝土受弯构件的抗弯刚度,最合理而有效的措施是(　　)。

A. 提高混凝土强度等级　　　　　B. 增大构件截面高度

C. 增大构件截面宽度　　　　　　D. 增大纵筋配筋率

(13)在对受弯构件进行裂缝宽度验算时,如裂缝宽度不满足规范要求,可采取的有效措施中不包括(　　)。

A. 增大截面高度　　　　　　　　B. 提高混凝土强度等级

C. 增大受拉钢筋的配筋率　　　　D. 对构件施加预应力

2. 判断题

(1)在进行构件的挠度验算时,汽车荷载不计冲击作用。(　　)

(2)短暂状况应力验算实际上是计算构件施工阶段的承载力。(　　)

(3)短暂状况应力验算时荷载组合应考虑相应的组合系数。(　　)

(4)构件在短暂状况下与持久状况下出现最大弯矩的截面可能不同。(　　)

(5)采用换算截面后,钢筋混凝土构件可利用材料力学的计算理论和公式。(　　)

(6)《公路桥规》关于裂缝宽度的验算只针对由荷载引起的与构件纵轴垂直的裂缝。(　　)

(7)弯曲裂缝出现时,受拉边缘混凝土的应力下降为 0。(　　)

(8)弯曲裂缝出现的位置是随机的,裂缝间距的大小也是无规律的。(　　)

(9)在 A_s 相同的情况下,钢筋直径越小,裂缝宽度越大。(　　)

☆(10)在其他因素不变的情况下,梁上弯曲裂缝条数越多,裂缝宽度越小。(　　)

(11)混凝土保护层厚度 c 越大,裂缝宽度越大。(　　)

(12)梁上的弯曲裂缝宽度与荷载的大小有关,与荷载作用时间的长短无关。(　　)

(13)梁中配置的受拉钢筋外形、直径和根数相同时,采用绑扎骨架比采用焊接骨架裂缝宽度大。(　　)

(14)梁在进行挠度验算时,其受压区高度 x 不能直接采用正截面承载力计算时的 x 值。(　　)

(15)等截面钢筋混凝土梁的抗弯刚度沿梁长是不变的。(　　)

(16)钢筋混凝土受弯构件的抗弯刚度随作用持续时间的增加而降低。(　　)

(17)一旦钢筋表面的钝化膜遭到破坏,钢筋的锈蚀就可能发生。(　　)

(18)公路桥涵结构的使用年限直接由业主(或用户)与设计人员共同确定。(　　)

(19)公路桥梁混凝土结构构件耐久性损伤现象主要是钢筋锈蚀和混凝土的劣化。(　　)

3. 简答题

(1)钢筋混凝土受弯构件持久状况正常使用极限状态验算是根据哪个应力阶段进行的? 该应力阶段有何特点?

(2)什么是换算截面? 进行截面换算的基本假定是什么?

(3)为什么说"钢筋的应力是距中性轴同一高度处混凝土应力的 α_{Es} 倍"? 其中系数 α_{Es} 的含义是什么?

(4)钢筋混凝土受弯构件短暂状况应力验算有何特点?

(5)钢筋混凝土构件产生裂缝的原因主要有哪些?

(6)由弯矩引起的裂缝宽度的主要影响因素有哪些?

☆(7)两根同样截面尺寸、同样材料、同样配筋的试验梁,用同样的加载方法进行抗弯试验,发现其中一根梁上出现的竖向裂缝条数多,裂缝宽度较小;另一根梁上出现的竖向裂缝条数少,裂缝宽度较大。试分析出现这种情况的主要原因是什么?

☆(8)当钢筋混凝土构件的最大裂缝宽度超过裂缝宽度限值时,应采取什么措施? 最根本、最彻底的解决方法是什么?

(9)钢筋混凝土梁的抗弯刚度和匀质弹性体梁的抗弯刚度有何不同?

（10）混凝土徐变和收缩对钢筋混凝土构件有哪些影响？

（11）混凝土结构耐久性设计包含哪些内容？

4. 计算题

（1）钢筋混凝土梁全长 5.95m，截面尺寸 $b \times h = 300\text{mm} \times 600\text{mm}$，采用 C30 混凝土和 HRB400 级钢筋，梁内配置有纵向受拉钢筋 $8 \oplus 22$（双层布置，$A_s = 3041\text{mm}^2$），受压钢筋 $4 \oplus 16$（$A_s = 804\text{mm}^2$），$\phi 8@150$ 双肢箍。安全等级为二级，环境条件为 I 类。梁进行吊装时，混凝土强度达到设计值的 85%，吊点设在距梁端 0.4m 处；考虑超重的影响，吊装时动力系数取为 1.2。试进行吊装时梁的正应力验算。

提示：选择梁的弯矩控制截面进行验算。

（2）预制钢筋混凝土 T 形截面简支梁，截面尺寸及配筋如图 9-1 所示，梁全长 $L_0 = 8.5\text{m}$，计算跨径 $L = 8\text{m}$。混凝土强度等级为 C30，纵向受拉钢筋采用 HRB400 级 $10 \oplus 28$，其底边混凝土保护层厚度 $c = 35\text{mm}$，I 类环境条件。梁承受由施工荷载标准值产生的跨中弯矩 $M_k^t = 611.6\text{kN} \cdot \text{m}$，试进行梁施工阶段的正应力验算。

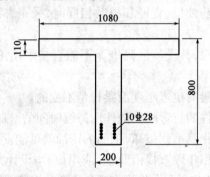

图 9-1　钢筋混凝土简支梁（尺寸单位：mm）

（3）预制钢筋混凝土 T 形截面简支梁，截面尺寸及配筋如图 9-1 所示。梁全长 $L_0 = 8.5\text{m}$，计算跨径 $L = 8\text{m}$。混凝土强度等级为 C30，纵向受拉钢筋采用 HRB400 级 $10 \oplus 28$，其底边混凝土保护层厚度 $c = 35\text{mm}$；箍筋采用 HPB300，直径 $\phi 8\text{mm}$。安全等级为二级，环境条件为 I 类。试验算该梁在持久状况正常使用极限状态下的最大裂缝宽度是否满足《公路桥规》的要求。如不满足规范要求，请采取适当措施修改设计。

T 梁跨中承受汽车荷载标准值产生的弯矩 $M_{Q1k} = 551.2\text{kN} \cdot \text{m}$（未计入冲击系数），人群荷载标准值产生的弯矩 $M_{Q2k} = 84.6\text{kN} \cdot \text{m}$，永久作用标准值产生的弯矩 $M_{Gk} = 451.3\text{kN} \cdot \text{m}$。

（4）预制钢筋混凝土 T 形截面简支梁已知条件同（3）题，试进行在持久状况正常使用极限状态下的构件跨中挠度验算；并验算是否需设置预拱度，如需设置，确定其预拱度大小。

第10章 局部承压

10.1 学习指导

本章主要学习混凝土构件局部承压的承载力计算。

通过本章学习,应理解构件局部承压概念及受力特性,了解影响混凝土局部承压破坏形态的因素及受力机理,掌握配置间接钢筋的混凝土局部承压承载力的计算方法,熟练掌握局部承压区间接钢筋的配置构造。

10.1.1 本章主要内容及学习要求

1)混凝土局部承压的破坏形态和破坏机理

混凝土局部承压是指在构件的表面上,仅有部分面积承受压力的受力状态。与全面积受压相比,混凝土构件局部承压有以下特点。

(1)构件表面受压面积小于构件截面积;

(2)局部承压面积部分的混凝土抗压强度,比全面积受压时混凝土抗压强度高;

(3)在局部承压区的中部有横向拉应力 σ_x,这种横向拉应力可使混凝土产生裂缝。

混凝土局部承压的破坏形态主要与 A_l/A(A_l 为局部承压面积,A 为试件截面面积)以及在表面上的位置有关,其破坏形态主要有三种:先开裂后破坏、一开裂即破坏和局部混凝土下陷。

关于混凝土局部承压的工作机理,目前主要有两种理论来解释。一个是套箍理论,把局部承压区的混凝土看作是承受侧压力作用的混凝土芯块。另一个是剪切理论,把局部承压区混凝土的受力看作一个带多根拉杆的拱。剪切理论较合理地反映了混凝土局部承压的受力及破坏机理。

2)混凝土局部承压强度提高系数

为了反映局部承压时混凝土抗压强度高于其棱柱体抗压强度的特性,引入混凝土局部承压强度提高系数 $\beta = \sqrt{\dfrac{A_b}{A_l}}$,式中 A_b 为局部承压的计算底面积,可采用"同心对称有效面积法"确定。

为了提高混凝土局部承压区的承载力,宜在局部承压区内配置间接钢筋,间接钢筋可采用方格钢筋网或螺旋式钢筋两种形式。采用混凝土局部承压强度提高系数 β_{cor} 来反映配置间接钢筋的提高程度。

3)局部承压区计算

计算包括局部承压区的承载力计算和截面尺寸验算。根据承载力计算公式可以确定间接钢筋的用量。截面尺寸验算是为了避免当局部承压区配筋过多时,局部承压垫板底面的混凝土产生过大下沉变形,相当于是规定了截面最小尺寸和最大配筋率。当截面尺寸不满足公式要求时,应增大截面尺寸或提高混凝土强度等级。

10.1.2　本章的难点及学习时应注意的问题

要注意区分局部承压面积 A_l、局部承压计算底面积 A_b、间接钢筋网或螺旋钢筋范围内混凝土核心面积 A_{cor}。在确定这三个面积值时,它们之间的关系应满足 $A_b > A_{cor} > A_l$。

10.2　综合练习

1. 判断题

(1)混凝土局部承压区内的横向拉应力可能使混凝土产生纵向裂缝。(　　)

(2)混凝土局部承压时容易受压破坏,说明局部承压时的混凝土抗压强度比全截面受压时混凝土抗压强度低。(　　)

(3)混凝土局部承压的破坏形态主要与 A_l/A 以及 A_l 在作用面上的位置有关。(　　)

(4)同心对称有效面积法是确定混凝土局部承压强度提高系数 β_{cor} 的方法。(　　)

(5)混凝土局部承压强度提高系数 $\beta \geq 1$。(　　)

(6)配置间接钢筋不仅能提高局部承压区的承载力,而且能增大局部承压区的抗裂性。(　　)

(7)局部承压区内宜设置 3~5 层钢筋网。(　　)

(8)在进行局部承压计算时应满足 $A_b > A_{cor} > A_l$。(　　)

(9)混凝土局部承压修正系数 η_s 和间接钢筋影响系数 k 的取值均与混凝土强度等级有关。(　　)

(10)对局部承压区截面尺寸进行验算是为了避免截面尺寸过小而配筋过多。(　　)

2. 简答题

(1)为什么局部承压时的混凝土抗压强度比全截面受压时混凝土抗压强度高?

(2)混凝土构件局部承压时有何特点?

(3)有关混凝土局部承压的破坏机理有哪两种理论?

(4)A_l、A_b、A_{cor} 分别代表什么面积? 它们之间的关系是怎样的?

(5)为什么要在局部承压区内配置间接钢筋? 对间接钢筋的配置有哪些构造要求?

3. 计算题

(1)一箱形梁桥的盖梁局部承压面积为 75 cm × 100 cm,如图 10-1 中阴影部分所示,承受主梁支座传来的压力设计值为 F_{ld} = 8925kN。盖梁采用 C50 混凝土。结构安全等级为二级。拟在盖梁局部承压区内配置直径 12mm、HPB300 级的方格钢筋网,试进行局部承压计算。

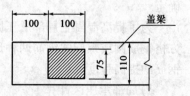

图 10-1　主梁支座及盖梁尺寸

(尺寸单位:cm)

（2）预制预应力混凝土小箱梁底板对称设有两束预应力钢束,每束钢束张拉时对梁端面产生的最大压力为 669.5kN。锚具布置及配筋如图 10-2 所示,锚具直径 115mm,中间孔道直径 55mm,锚下钢垫板尺寸 180mm × 180mm × 20mm。混凝土中配置的方格钢筋网和螺旋箍筋均采用 HPB300,单根直径 12mm;方格钢筋网共 4 层,螺旋箍筋共 5 圈。混凝土强度等级为 C50,结构安全等级为二级,试进行梁端锚下局部承压区承载力验算。

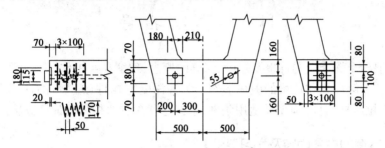

图 10-2　箱梁底板锚固端构造(尺寸单位:mm)

第11章　深受弯构件

11.1　学习指导

理解钢筋混凝土深受弯构件以及短梁、深梁的概念,理解在弯矩作用下深受弯构件正截面应变分布特点。了解深梁和短梁的破坏形态。掌握深受弯构件(短梁)的计算方法。理解钢筋混凝土结构"拉压杆"计算模型及适用条件,掌握悬臂深受弯构件的计算方法。

11.1.1　本章的主要内容及学习要求

工程中将梁按其计算跨径 l 与梁高 h 之比 l/h 划分为一般受弯构件($l/h>5$)和深受弯构件($l/h \leqslant 5$)。深受弯构件又分为短梁($2<l/h \leqslant 5$ 的简支梁或 $2.5<l/h \leqslant 5$ 的连续梁)和深梁($l/h \leqslant 2$ 的简支梁或 $l/h \leqslant 2.5$ 的连续梁)深受弯构件。

由于钢筋混凝土深受弯构件在弯矩作用下梁正截面上的应变分布和开裂后的平均应变分布不符合平截面假定,深受弯构件的破坏形态、计算方法与一般受弯构件有很大不同。

1)深受弯构件的破坏形态

深受弯构件可能发生的破坏形态有弯曲破坏、剪切破坏、局部承压破坏和锚固破坏。

深梁在纵向钢筋配筋率 ρ 较低时,会发生正截面弯曲破坏;当纵向钢筋配筋率 ρ 稍高时,会发生斜截面弯曲破坏。深梁的剪切破坏又分为斜压破坏和劈裂破坏。深梁的局部承压破坏是由于深梁的支座处于竖向压应力与纵向受拉钢筋锚固区应力组成的复合应力作用区,局部应力很大,造成支座处混凝土局部承压破坏。在斜裂缝发生时,深梁支座附近的纵向受拉钢筋应力增加迅速,因此,深梁在支座处容易发生纵向钢筋的锚固破坏。

短梁的破坏特征基本上介于深梁和普通梁之间。随着纵向钢筋配筋率的减小,短梁的弯曲破坏可分为超筋破坏、适筋破坏和少筋破坏,其破坏形态类似于普通梁。

根据斜裂缝发展的特征,钢筋混凝土短梁会发生斜压破坏、剪压破坏和斜拉破坏三种剪切破坏形态。集中荷载作用下短梁的试验与分析表明,剪跨比小于 1 时,一般发生斜压破坏;剪跨比为 $1\sim2.5$ 时,一般发生剪压破坏;剪跨比大于 2.5 时,一般发生斜拉破坏。

短梁的局部受压破坏和锚固破坏情况与深梁相似。

2)深受弯构件的计算

目前在工程中深受弯构件的计算方法有按弹性应力图形面积配筋法、基于试验资料及分析结果的公式法、拉压杆模型法、钢筋混凝土非线性有限元法。

按弹性应力图形面积配筋法以混凝土结构不开裂的弹性理论为基础,该方法的思路是,先按结构弹性理论方法得到结构的线弹性应力,再根据结构关注截面的拉应力图形面积计算出拉应力合力,按拉力的全部或部分由钢筋承担的原则计算所需钢筋的用量。

公式法是基于不同加载和边界条件下深受弯构件的试验资料,根据观测到的构件破坏形态及结构力学特征测试数据,通过对主要影响因素的分析和归纳提出构件承载力及裂缝宽度计算公式。

拉压杆模型法是针对混凝土结构及构件存在的应力扰动区(指混凝土结构构件中截面应变分布不符合平截面假定的区域)提出的、反映其内部力流传递路径的桁架计算模型。

根据调查,公路桥梁的墩台盖梁跨高比 l/h 绝大多数在 $3 \sim 5$ 之间,属于深受弯构件的短梁,但未进入深梁范围,所以其计算方法应按深受弯构件计算,而其构造则不必采用深梁的特殊要求。

11.1.2 本章的难点及学习时应注意的问题

由于钢筋混凝土深受弯构件的受力和破坏形态与一般受弯构件有很大不同,除了计算方法不同以外,深受弯构件的构造要求也与一般受弯构件有较大区别,在设计时应予以重视。

11.2 综合练习

1. 判断题

(1)深受弯构件即指深梁。( )

(2)深受弯构件的正截面应变在混凝土开裂前符合平截面假定,混凝土开裂后不再符合。( )

(3)深梁的弯曲破坏包括正截面弯曲破坏和斜截面弯曲破坏。( )

(4)深梁不会发生斜拉破坏。( )

(5)按弹性应力图形面积配筋法计算在混凝土开裂后可能偏不安全。( )

(6)深梁中的纵筋可以弯起一部分,兼做弯起钢筋。( )

(7)深受弯构件中的两片钢筋网之间必须设置拉筋。( )

(8)对盖梁的悬臂深梁采用拉压杆模型进行承载力计算时,混凝土压杆的承载力不控制设计。( )

(9)当盖梁的线刚度与柱的线刚度之比大于 5 时,可按刚构计算。( )

(10)深受弯构件计算的公式法是采用的统计回归公式。( )

2. 简答题

(1)何谓深受弯构件? 与一般受弯构件相比,深受弯构件有何不同?

(2)深受弯构件的破坏形态有哪些?

(3)目前在工程中深受弯构件的计算方法有哪几种?

(4)《公路桥规》对墩台盖梁的设计是怎样规定的?

第12章 预应力混凝土结构的概念及其材料

12.1 学 习 指 导

本课程已经介绍过普通钢筋混凝土构件的承载力计算、裂缝宽度验算及变形验算。由前面的学习可以知道:普通钢筋混凝土构件存在一个顽症,就是极易发生裂缝,为了控制裂缝宽度,普通钢筋混凝土构件就不宜采用高强度钢筋。预应力混凝土就是事先人为地在混凝土或钢筋混凝土结构中引入内部应力,且其数值和分布恰好能将使用荷载产生的应力抵消到一个合理程度的混凝土。

12.1.1 本章主要内容及学习要求

1)概述

(1)钢筋混凝土构件由于裂缝的存在,不仅使构件刚度下降,而且使其不能应用于不允许开裂的场合;靠增加截面尺寸或增加钢筋用量的方法来控制构件的裂缝和变形是不经济的,因为这必然使构件自重(恒载)增加,使荷载作用效应增大,形成恶性循环。特别是对于桥梁结构,随着跨度的增大,自重作用所占的比例也增大。因此,钢筋混凝土结构在桥梁工程中的使用范围受到很大限制。

(2)应清晰理解什么是预应力混凝土,以及为什么它在工程上得到广泛的应用。预应力混凝土构件是在受到外荷载作用之前,先对混凝土受拉部位预加压力,以提高构件在外荷载作用下的抗裂性能。由于预应力混凝土有一系列优点,所以应用广泛。

(3)预应力的基本原理在生活中也有广泛应用,例如盛水的木桶、自行车辐条、木锯的锯条等。

(4)预压力 N_p 必须针对外荷载作用下可能产生的应力状态有计划地施加。要有效地抵消外荷载作用所产生的拉应力,所需施加的应力不仅与 N_p 的大小有关,而且也与 N_p 所施加的位置(即偏心距 e 的大小)密切相关。

(5)全预应力混凝土、部分预应力混凝土和钢筋混凝土结构的分类本质上反映了预压力产生的预压应力与全部荷载最不利组合作用下产生的拉应力的大小关系。《公路桥规》将预应力度(λ)定义为由预加应力大小确定的消压弯矩 M_0 与外荷载产生的弯矩 M_s 的比值,反映的就是这一关系。

(6)预应力混凝土结构施工工艺较复杂,也存在预应力上拱度不易控制、预应力混凝土结构的开工费用较大的问题。

2)预加应力的方法与设备

(1)了解预应力混凝土的基本知识是必要的。例如,预应力混凝土的定义以及它的使用范围;建立预应力的方法;先张法与后张法两者相同与不同之处;对所选用的钢筋和混凝土材料的要求等,这些都是建立预应力先要解决的问题。

(2)要熟练掌握预加应力的先张法和后张法的工艺,了解预应力混凝土结构对材料的要求,理解混凝土收缩和徐变、预应力钢筋的应力松弛概念。对制作预应力混凝土构件时采用的各种各样锚具(夹具),包括它们的锚固原理,不同的张拉设备及其特点,可做一般性了解,今后在实际工程设计时再深入了解。

(3)将构件预加压力的办法按张拉钢筋和浇筑混凝土的先后次序分为两大类:①先张法(张拉钢筋在浇灌混凝土之前);②后张法(张拉钢筋在浇灌混凝土之后)。应理解不同的施加预压力的方法不仅制作工艺过程有所不同,而且所适用的构件亦不相同。

(4)锚(夹)具为保持预应力的拉力并将其传递到混凝土上所用的永久性锚固装置或保持预应力筋拉力的临时性锚固装置。

(5)锚具形式的选择,与预应力筋的类型、张拉方式等有密切关系,同时需要配套使用专门的张拉设备。

3)预应力混凝土结构的材料

(1)根据混凝土受力安全、预应力损失小及施工效率高的需求出发,预应力混凝土结构中混凝土应具有高强度、快硬、早强、收缩、徐变小的特点;

(2)为满足有效预应力的要求,预应力钢筋必须保证高强度,同时有较好的塑性、与混凝土有良好粘结性能、应力松弛损失要低。

4)预应力混凝土结构的三种概念

可以从不同角度来理解预应力混凝土结构的本质特点。

(1)预加应力的目的是将混凝土变成弹性材料:即预加应力的目的是改变混凝土的性能,变脆性材料为弹性材料。这种观点认为:预应力混凝土和钢筋混凝土是两种完全不同的材料,预应力钢筋的作用不是配筋,而是施加预压应力以改变混凝土性能的一种手段。

(2)预加应力的目的是使高强度钢筋和混凝土能够共同工作:预应力混凝土可以看成为钢筋混凝土应用的扩大和改进。虽然预应力混凝土结构有很多合理和经济的设计,但最终都必须由一内力偶来承担外弯矩,故预应力混凝土并不能创造超越其本身材料强度能力的奇迹。

(3)预加应力的目的是实现荷载平衡。用荷载平衡的概念调整预应力与外荷载的关系,概念清晰,计算简单。应用这个概念,要求以混凝土为分离体并且用一些力来代替预应力钢筋沿跨度的作用。

12.1.2　本章的难点及学习时应注意的问题

(1)需要深刻理解预应力混凝土结构的基本原理。对预应力构件概念及原理的学习,应尽可能与非预应力构件进行对比,找出它们的异同点,这将有助于增加学习深度。在学习过程中,无论是理论概念还是计算公式,一定先要做到理解它,然后再去记忆它。

(2)通过对混凝土构件施加预应力,可以从根本上解决钢筋混凝土结构的开裂问题,不仅能提高结构构件的抗裂性能、刚度、耐久性,从本质上改善钢筋混凝土结构使用性能;而且能采用高强度钢筋,节约钢材,减轻结构构件自重,还能适应跨度大、荷载大的结构需要。因此,预应力混凝土结构构件在结构性能及新技术、新材料的应用方面均有较明显的优点。

(3)阐述预应力混凝土结构特点的三种概念在分析和设计预应力混凝土构件时都有重要

作用。第一种概念有助于进行预应力混凝土结构正常使用极限状态变形的计算,也能够预计混凝土结构开裂的程度;第二种概念主要是评定预应力混凝土结构抵抗破坏的安全性,阐述了预应力混凝土与钢筋混凝土结构承载力的共同特点;第三种概念常常是计算挠度的最佳方法。

12.2 综合练习

1. 单项选择题

(1)对构件施加预应力的主要目的是( )。

    A. 提高构件的承载力

    B. 避免出现裂缝或减小裂宽(使用阶段),发挥高强材料的作用

    C. 对构件质量进行检验

(2)《公路桥规》规定,预应力混凝土构件的混凝土强度等级不应低于( )。

    A. C20   B. C30

    C. C35   D. C40

(3)全预应力混凝土构件在使用条件下,构件截面混凝土( )。

    A. 不出现拉应力   B. 允许出现拉应力

    C. 不出现压应力   D. 允许出现压应力

(4)根据国际配筋混凝土结构的分类,下列( )在作用频遇组合下控制的正截面受拉边缘允许出现拉应力,但不允许出现裂缝。

    A. 部分预应力混凝土构件   B. 钢筋混凝土构件

    C. 有限预应力混凝土构件   D. 全预应力混凝土构件

(5)根据国内配筋混凝土结构的分类,下列( )在作用频遇组合下控制的正截面受拉边缘出现拉应力或出现不超过规定宽度的裂缝。

    A. 部分预应力混凝土构件   B. 钢筋混凝土构件

    C. 有限预应力混凝土构件   D. 全预应力混凝土构件

(6)全预应力混凝土结构的优点不包括下列( )。

    A. 抗裂刚度大   B. 抗疲劳

    C. 防渗漏   D. 主梁的反拱变形小

(7)全预应力混凝土结构的预应力度( )。

    A. $\lambda \geqslant 1$ B. $0 < \lambda < 1$

    C. $\lambda \leqslant 1$ D. $\lambda \leqslant 0$

2. 判断题

(1)对混凝土施加预应力时,混凝土必须达到一定的强度。( )

(2)预应力混凝土构件抗裂度高的主要原因是在混凝土中建立了"有效预压应力"。( )

(3)在浇灌混凝土之前张拉钢筋的方法称为先张法。( )

(4)预应力混凝土结构可以避免构件裂缝的过早出现。( )

(5)预应力混凝土构件制作后可以取下重复使用的锚具称为工作锚具。(　　)

(6)预应力混凝土构件的混凝土强度等级不应低于 C30。(　　)

(7)当混凝土所承受的持续应力 $\sigma_c \leqslant 0.5 f_{ck}$ 时,其徐变应变值 ε_c 与混凝土应力 σ_c 之间,存在着线性关系,在此范围内的徐变变形则称为线性徐变。(　　)

(8)预应力混凝土构件的徐变系数终极值 $\varphi(t_u, t_0)$ 只与大气湿度有关。(　　)

(9)预应力混凝土构件纵向受力钢筋可以只设置预应力钢筋,不配置普通钢筋。(　　)

(10)在一定拉应力值和恒定温度下,钢筋长度固定不变,则钢筋中的应力将随时间延长而降低,一般称这种现象为钢筋的松弛或应力松弛。(　　)

(11)精轧螺纹钢筋的公称直径是不含螺纹高度的基圆直径。(　　)

3. 填空题

(1)钢筋混凝土结构在使用中存在如下两个问题:_____和_____。

(2)将配筋混凝土按预加应力的大小可划分为如下四级:_____、_____、_____和_____。

(3)预加应力的主要方法有_____和_____。

(4)后张法主要是靠_____来传递和保持预加应力的;先张法则主要是靠_____来传递并保持预加应力的。

(5)锚具的形式繁多,按其传力锚固的受力原理,可分为:_____、_____和_____。

(6)夹片锚具体是主要作为锚固_____之用。

(7)预应力混凝土结构的混凝土,不仅要求高强度,而且还要求能_____、_____,以便能及早施加预应力,加快施工进度,提高设备、模板等利用率。

(8)影响混凝土徐变值大小的主要因素有_____、_____、_____与_____以及_____和_____等。

(9)国内常用的预应力筋有:_____、_____及_____。

4. 简答题

(1)为什么普通钢筋混凝土中不能有效地利用高强度钢材和高等级混凝土? 而在预应力结构中却必须采用高强度钢材和高强度等级混凝土?

(2)何谓预应力结构? 为什么要对构件施加预应力?

(3)试述钢筋混凝土结构和预应力混凝土结构的区别,它们各有何优缺点?

(4)在预应力混凝土结构中,张拉钢筋的方法有哪几种? 先张法和后张法的主要区别是什么? 它们各有什么特点,其适用范围如何?

第13章 预应力混凝土受弯构件的设计与计算

13.1 学习指导

在预应力混凝土受弯构件设计时，由于施工阶段和使用阶段构件的应力状态不同，因此，必须掌握预应力混凝土受弯构件从张拉钢筋到加载直至破坏截面的受力过程。预应力混凝土构件中，引起预应力损失的因素较多，不同的预应力损失发生和完成的时间不同，因此，在设计中应根据实际情况，正确地考虑预应力损失的组合及计算，同时应注意在设计施工中尽可能减少预应力损失。

预应力混凝土受弯构件与普通钢筋混凝土一样，也是按承载能力极限状态法和正常使用极限状态法进行设计。为此，应掌握构件正截面、斜截面承载力计算以及施工、使用阶段的应力等验算。构件在施工和使用阶段材料处于弹性工作阶段，应力计算按《材料力学》公式进行，但应注意采用相应的截面几何特性。预应力混凝土构件截面计算包括使用和施工两个阶段。使用阶段包括承载力和抗裂度的计算；施工阶段包括张拉（或放松）钢筋对构件的承载力验算，吊装验算及构件张拉端（锚固区）局部承压的验算；受弯构件还需进行变形计算等内容。其中使用阶段的计算是主要的问题，但施工阶段的验算也不能忽视，有时往往因对施工阶段的验算重视不够，而使构件不能使用。使用阶段计算中，除承载力计算同普通钢筋混凝土计算相同外，重要的问题是抗裂度计算，这是预应力混凝土计算中的特点，必须予以充分重视。

先张法构件的预应力是通过钢筋和混凝土之间的粘结力传递的，其传递要有一定的长度即应力传递长度，而锚固长度则是使钢筋充分发挥强度所需的钢筋最短埋入长度。后张法构件的锚下混凝土要承受巨大的压力，因此，必须进行局部承压验算。

13.1.1 本章主要内容及学习要求

1）受力阶段与设计计算原则

（1）深刻理解预应力混凝土受弯构件受力的三个主要阶段，须对预应力混凝土构件从张拉制作、加荷使用直到破坏的整个过程中的工作特性和应力状态有充分的认识，深入了解各阶段的变化和特点，这是本章内容的基础。

（2）预应力混凝土受弯构件从预加应力到承受外荷载，直至最后破坏，可分为三个主要受力阶段：①施工阶段；②使用阶段；③破坏阶段。预应力混凝土简支梁的下缘受力状态随着荷载的增加，将逐步从承受较大预压应力、压应力减少、0 应力（对应于消压弯矩 M_0）、受拉、受拉开裂（开裂时的理论临界弯矩称为开裂弯矩 M_{cr}）、裂缝不断发展（带裂缝工作阶段）直至截面破坏（破坏弯矩 M_u）。

（3）持久状况承载能力极限状态计算是基于预应力混凝土受弯构件的受力破坏阶段进行

的设计计算,包括:①受弯构件的正截面承载力计算;②受弯构件的斜截面承载力计算;③端部锚固区承载力计算。

(4)持久状况构件应力计算内容包括:①受弯构件截面的混凝土法向正应力;②预应力钢筋的拉应力;③截面的混凝土主应力计算。

(5)短暂状况的构件应力计算内容包括:①基于预应力混凝土受弯构件的施工阶段而进行的设计计算;②在设计上主要是进行短暂状况构件截面的混凝土应力计算;③必要时进行构件的变形计算。

(6)持久状况正常使用阶段的计算包括:①受弯构件的抗裂性验算,对全预应力混凝土和部分预应力混凝土 A 类构件进行构件正截面和斜截面的抗裂性验算,对部分预应力混凝土 B 类构件进行构件混凝土最大弯曲裂缝宽度的验算;②受弯构件的挠度与变形的验算。

2)预应力混凝土受弯构件承载力计算

(1)对于仅在受拉区配置预应力钢筋和非预应力钢筋而受压区不配钢筋的矩形截面(包括翼缘位于受拉边的 T 形截面)受弯构件,其计算图式及计算公式与钢筋混凝土单筋矩形截面类似。

(2)对于受压区配置预应力钢筋和非预应力钢筋的矩形截面受弯构件,确定梁破坏时受压区预应力钢筋 A_p' 的应力(可能是拉应力,也可能是压应力)是计算的关键,其计算图式和公式与双筋矩形截面类似。

(3)斜截面抗剪承载力计算时需要根据预应力布置情况,考虑预应力提高系数对预应力及弯起钢筋的抗剪承载力设计值 V_{pb} 的影响。

3)预加力的计算与预应力损失的估算

(1)熟练掌握预应力的计算和预应力损失估算方法,能理解张拉控制应力的定义,以及张拉控制不能过高或过低的原因。能分析引起预应力损失的 6 种原因,会计算每项预应力损失,并能了解减小各种预应力损失的相应措施及预应力构件在不同阶段预应力损失值的组合。

(2)由于施工因素、材料性能和环境条件等的影响,预应力钢筋的预应力随着张拉、锚固过程和时间推移而降低的现象称为预应力损失 σ_l,扣除相应阶段的应力损失后,钢筋中实际存余的预应力值称为有效预应力 σ_{pe}。

(3)张拉控制应力 σ_{con} 是预应力钢筋锚固前张拉钢筋的千斤顶所显示的总拉力除以预应力钢筋截面积所求得的钢筋应力值。σ_{con} 应为扣除锚圈口摩擦损失后的锚下拉应力值。张拉控制应力的确定与预应力钢筋的类型及张拉、锚固工艺有关,其值不能够太大(影响预应力筋安全性),也不能太小(有效预应力太低)。

(4)公路桥梁预应力混凝土构件设计中需考虑的钢筋预应力损失为:①预应力筋与管道壁之间的摩擦引起的应力损失 σ_{l1},该项损失一般仅存在于后张法构件;②锚具变形、钢筋回缩和接缝压缩引起的应力损失 σ_{l2};③钢筋与台座间的温差引起的应力损失 σ_{l3},该项损失一般仅存在于先张法构件;④混凝土弹性压缩引起的应力损失 σ_{l4};⑤钢筋松弛引起的应力损失 σ_{l5};⑥混凝土收缩和徐变引起的应力损失 σ_{l6}。

(5)影响各项预应力损失大小的因素各不相同,对应的减少预应力损失的措施和方法也不同。由于预应力张拉工艺不同,先张法与后张法的 σ_{l5} 和 σ_{l6} 在不同施工阶段发生的比例不同。

(6)预应力损失在各个阶段出现的项目是不同的,故应按受力阶段进行组合,然后才能确定不同受力阶段的有效预应力。一般以传力锚固时为界,将预应力损失的组合分为第一批损失、第二批损失。

4)预应力混凝土受弯构件的应力计算

(1)预应力混凝土受弯构件的应力计算应根据当时状况结构的实际截面特性(是否开孔、是否压浆等)、实际荷载分布情况来进行。

(2)构件短暂状况的应力计算属于构件弹性阶段的强度计算。除非有特殊要求,短暂状况一般不进行正常使用极限状态计算,可以通过施工措施或构造布置来弥补,防止构件过大变形或出现不必要的混凝土裂缝。

(3)预加应力阶段计算时,构件的预加力值最大(因预应力损失值最小)、外荷载作用最小(仅有梁的自重作用),该阶段先张法、后张法的截面特性及预应力损失的计算是不同的。

(4)由于持续时间及对结构的影响不同,不同阶段的容许应力水平是不同的,施工阶段混凝土的限制应力水平最高、持久状况的应力计算较低。

(5)预应力混凝土受弯构件按持久状况计算时,应计算使用阶段截面混凝土的法向压应力、混凝土的主应力和受拉区钢筋的拉应力,并不得超过规定的限值。计算时应注意截面特性、预应力水平、荷载大小及控制应力的变化情况。

(6)应力验算是计算荷载效应标准值(汽车荷载考虑冲击系数)作用下的截面应力,对混凝土法向压应力、受拉区钢筋拉应力及混凝土主压应力规定限值。

5)预应力混凝土构件的抗裂验算

(1)预应力混凝土构件的抗裂性验算是以构件混凝土拉应力是否超过规定的限值来表示的,属于结构正常使用极限状态计算的范畴。《公路桥规》规定,对于全预应力混凝土和A类部分预应力混凝土构件,必须进行正截面抗裂性验算和斜截面抗裂性验算。对于B类部分预应力混凝土构件必须进行斜截面抗裂性验算。

(2)预应力混凝土受弯构件正截面抗裂性验算按作用(或荷载)频遇组合和准永久组合两种情况进行。两种组合的主要差别是可变作用的组合系数不同,截面应力限值不同。预应力混凝土梁斜截面的抗裂性验算是通过梁体混凝土主拉应力验算来控制的。

(3)抗裂验算是计算荷载频遇组合(汽车荷载不计冲击系数)作用下的截面应力,对混凝土法向拉应力、主拉应力规定了具体限值。

6)变形计算

(1)预应力混凝土受弯构件的上拱变形是由预加力作用引起的,它与外荷载引起的挠度方向相反,又称上拱度。《公路桥规》规定,对于全预应力构件以及A类部分预应力混凝土构件取抗弯刚度为 $B_0 = 0.95E_cI_0$。

(2)使用荷载作用下的挠度需要计算荷载频遇组合下的总挠度 w_s 及荷载频遇组合,并考虑长期效应影响的挠度值 w_l。《公路桥规》中通过挠度长期增长系数 h_q 来考虑荷载长期作用的影响。

(3)《公路桥规》规定预应力混凝土受弯构件由预加应力产生的长期反拱值大于按荷载频遇组合计算的长期挠度时,可不设预拱度,反之则需要设置预拱度。预拱度值采用该项荷载的挠度值与预加应力长期反拱值之差。

7）端部锚固区计算

（1）应掌握端部锚固区计算方法及构造措施。应重点明确的是对先张法预应力受弯构件，计算预应力作用时需考虑端部预应力钢筋的有效预应力在传递长度 l_{tr} 范围内的变化。

（2）后张法构件锚下局部承压计算是承载能力极限状态验算内容之一。《公路桥规》要求必须进行后张法预应力混凝土构件局部承压区承载能力计算和截面尺寸验算，以确保承载力及截面尺寸满足要求。其中混凝土局部承压修正系数、间接钢筋影响系数分别与锚具大小、锚垫板大小、锚固位置、锚下局部配筋情况等有关。

（3）在先张法端部锚固长度 l_a 范围内计算斜截面承载力及抗裂性时，预应力筋的应力 σ_{pe} 应根据斜截面所处位置按直线内插求得。

8）预应力混凝土简支梁设计

（1）设计计算步骤包括：①根据设计要求，参照已有设计的图纸与资料，选定构件的截面形式与相应尺寸；或者直接对弯矩最大截面，根据截面抗弯要求初步估算构件混凝土截面尺寸；截面尺寸的选择，一般是参考已有设计资料、经验方法及桥梁设计中的具体要求事先拟定的；②根据结构可能出现的荷载组合，计算控制截面最大的设计弯矩和剪力；③估算预应力钢筋及非预应力钢筋的数量，并进行合理地布置；预应力混凝土梁钢筋数量估算的一般方法：根据构件正截面抗裂性确定预应力钢筋的数量；由构件承载能力极限状态要求确定非预应力钢筋数量；预应力钢筋数量估算时截面几何特性可取构件全截面几何特性；④计算主梁截面几何特性；⑤确定预应力钢筋的张拉控制应力，估算各项预应力损失并计算各阶段相应的有效预应力；⑥按短暂状况和持久状况进行构件的应力验算；⑦进行主梁的正截面与斜截面的抗裂验算；⑧进行主梁的正截面与斜截面承载能力计算；⑨主梁的变形计算；⑩锚固区局部承压计算与锚固区设计。

（2）预应力钢筋的布置原则有：①预应力钢筋的布置应使其重心线不超出束界范围；②预应力钢筋弯起的角度，应与所承受的剪力变化规律相配合；③预应力钢筋的布置应符合构造要求。

13.1.2　本章的难点及学习时应注意的问题

（1）预应力混凝土受弯构件破坏时，截面的应力状态与钢筋混凝土受弯构件相似；在正常配筋的范围内，预应力混凝土梁的破坏弯矩主要与构件的组成材料受力性能有关，其破坏弯矩值与同条件普通钢筋混凝土梁的破坏弯矩值几乎相同，而是否在受拉区钢筋中施加预拉应力对梁的破坏弯矩影响很小。预应力混凝土结构并不能创造出超越其本身材料强度能力之外的奇迹，而只是大大改善了结构在正常使用阶段的工作性能，这是预应力混凝土的本质特性。

（2）学习预应力混凝土受弯构件承载力计算方法这一部分内容时，可以采取与普通钢筋混凝土结构构件相比较的方法进行。例如，预应力受弯构件正截面破坏时应力情况类似于普通钢筋混凝土受弯构件，应力图形相似，但多出了预应力钢筋的部分。对于预应力混凝土受弯构件斜截面受剪承载力比钢筋混凝土受弯构件要高的问题，在具体计算公式中，其他各项均与钢筋混凝土受弯构件斜截面受剪承载力的计算公式相同，只不过增加了两项：一项是预应力所提高的受剪承载力，另一项是预应力弯起钢筋的受剪承载力。

（3）对于受压区配置预应力钢筋和非预应力钢筋的矩形截面受弯构件，确定梁破坏时受压区预应力钢筋 A_p' 的应力（可能是拉应力，也可能是压应力）是计算的关键，其计算图式和公式与双筋矩形截面较类似。

（4）先张法第一批预应力损失计算时，以预应力放张时的预应力束拉力为外力（放张时成为对混凝土截面的压力），此时混凝土应力为0，预应力束应力损失中不包含 σ_{l4}，因此此时预应力束有效应力为控制应力减去第一批损失（内含 σ_{l4}），再加上 σ_{l4}。

（5）由于后张法预应力施加时随着预应力的张拉，梁体逐步受压，并逐步出现反拱，梁体自重将从置于混凝土台座逐步转移至由梁体自身承受；当预应力束达到控制应力时，钢束应力中已经包含了梁体自重的影响，因此后张法钢束应力计算时未计入梁体自重的影响。

13.2　综合练习

1. 单项选择题

（1）下列哪种方法可以减少预应力直线钢筋由于锚具变形和钢筋内缩引起的预应力损失 σ_{l2}（　　　）。

    A. 两次升温法　　　　　　　　　　B. 采用超张拉

    C. 增加台座长度　　　　　　　　　　D. 采用两端张拉

（2）对于钢筋应力松弛引起的预应力的损失，下面说法错误的是：（　　　）。

    A. 应力松弛与时间有关系

    B. 应力松弛与钢筋品种有关系

    C. 应力松弛与张拉控制应力的大小有关，张拉控制应力越大，松弛越小

    D. 进行超张拉可以减少应力松弛引起的预应力损失

（3）其他条件相同时，预应力混凝土构件的延性比普通混凝土构件的延性（　　　）。

    A. 相同　　　　　　　　　　　　　　B. 大些

    C. 小些　　　　　　　　　　　　　　D. 大很多

（4）预应力混凝土先张法构件中，混凝土预压前第一批预应力损失 σ_{lI} 应为（　　　）。

    A. $\sigma_{l1}+\sigma_{l2}$　　　　　　　　　　　　B. $\sigma_{l1}+\sigma_{l2}+\sigma_{l3}$

    C. $\sigma_{l1}+\sigma_{l2}+\sigma_{l3}+\sigma_{l4}$　　　　　　D. $\sigma_{l2}+\sigma_{l3}+\sigma_{l4}+0.5\sigma_{l5}$

（5）预应力混凝土后张法构件中，混凝土预压前第一批预应力损失 σ_{lI} 应为（　　　）。

    A. $\sigma_{l1}+\sigma_{l2}$　　　　　　　　　　　　B. $\sigma_{l1}+\sigma_{l2}+\sigma_{l3}$

    C. $\sigma_{l1}+\sigma_{l2}+\sigma_{l4}$　　　　　　　　D. $\sigma_{l1}+\sigma_{l2}+\sigma_{l3}+\sigma_{l4}+\sigma_{l5}$

（6）两个截面、材料及配筋完全相同的轴心受拉构件，一个为预应力混凝土构件，一个为普通钢筋混凝土构件，则（　　　）。

    A. 预应力混凝土构件比普通钢筋混凝土构件的承载力大，抗裂能力相等

    B. 预应力混凝土构件比普通混凝土构件的承载力大，抗裂能力大

    C. 预应力混凝土构件比普通钢筋混凝土构件的抗裂能力大，但承载力相等

    D. 预应力混凝土构件比普通钢筋混凝土构件的承载力小、抗裂能力大

（7）对先张法预应力混凝土构件,混凝土受到的最大预压应力发生在(　　)。

  A. 张拉预应力筋达到控制应力时

  B. 切断预应力筋混凝土受到预压时

  C. 预应力损失全部出现时

（8）对后张法预应力混凝土构件,一次性张拉预应力筋,混凝土受到的最大预压应力发生在(　　)。

  A. 张拉预应力筋达到控制应力时

  B. 张拉并锚固后

  C. 第二批损失出现后

（9）在预应力混凝土简支梁的受压区布置预应力钢筋 A_p' 的目的是(　　)。

  A. 防止施工阶段预拉区出现裂缝

  B. 增加构件的抗弯承载力

  C. 减小受压区高度,保证受拉区钢筋应力能达到其强度值

  D. 增加构件使用阶段的抗裂性

（10）仅在受拉区配置预应力筋的后张法预应力混凝土受弯构件,如构件的自重很小(可忽略不计),在张拉预应力筋并锚固后,放置几个月而不施加外荷载,则(　　)。

  A. 预应力筋的应力将增大

  B. 预应力筋的应力将减少

  C. 预应力筋的应力不变

（11）对构件施加预应力后,其(　　)将提高。

  A. 正截面抗弯承载力

  B. 斜截面抗剪承载力

  C. 斜截面抗弯承载力

  D. 延性

（12）部分预应力混凝土构件是指在使用荷载作用下,(　　)。

  A. 预应力钢筋数量少且应力较低

  B. 允许存在拉应力或有限裂缝宽度

  C. 仅允许存在拉应力

（13）先张法在传力锚固后的预应力损失为(　　)。

  A. $\sigma_{l1} + \sigma_{l2} + \sigma_{l3} + \sigma_{l4}/2$ B. $\sigma_{l2} + \sigma_{l3} + \sigma_{l4} + \sigma_{l5}/2$

  C. $\sigma_{l2} + \sigma_{l3} + \sigma_{l4}$ D. $\sigma_{l5}/2 + \sigma_{l6}$

（14）后张法预应力混凝土梁采用曲线配筋是为了(　　)

  A. 使预加偏心力所产生的力矩与外荷载所引起的力矩大小相近(符号相反)

  B. 梁端便于布置锚具,方便施工

  C. 增加梁端支座附近的抗剪能力

  D. 上述 A、B 和 C

（15）矩形截面 PC 梁在弯曲受拉及受压区分别设置预应力筋 A_p,A_p'。设置 A_p' 预应力筋后与 A_p' 不加预应力的情况相比较,下面的描述正确的是(　　)

A. 梁使用阶段的抗裂性及正截面承载能力得到了提高

B. 梁的正截面承载能力提高,但使用阶段的抗裂性降低

C. 梁使用阶段的抗裂性提高,但正截面承载能力降低

D. 梁使用阶段的抗裂性及正截面承载能力均降低

(16)在使用阶段,永存预应力与施工阶段的有效预应力值相比(　　)。

　　A. 大　　　　　　　　　　　　　B. 小

　　C. 一样　　　　　　　　　　　　D. 不确定

(17)预应力混凝土受弯构件从预加应力到承受外荷载,直至最后破坏,其主要阶段中不包括下列(　　)。

　　A. 施工阶段　　　　　　　　　　B. 使用阶段

　　C. 检验阶段　　　　　　　　　　D. 破坏阶段

(18)在施工阶段,从预加应力开始至预加应力结束(即传力锚固)为止的受力阶段是(　　)。

　　A. 锚固阶段　　　　　　　　　　B. 运输阶段

　　C. 安装阶段　　　　　　　　　　D. 预加应力阶段

(19)由于各种因素的影响,预应力钢筋中的预拉应力将产生部分损失,通常把扣除应力损失后的预应力筋中实际存余的预应力称为本阶段的(　　)。

　　A. 实际预应力　　　　　　　　　B. 有效预应力

　　C. 永存预应力　　　　　　　　　D. 实用预应力

(20)钢筋松弛与温度变化的关系是(　　)。

　　A. 随温度升高而减小　　　　　　B. 随温度下降而增加

　　C. 随温度升高而增加　　　　　　D. 没有关系

2. 判断题

(1)预应力混凝土梁的破坏弯矩主要与是否在受拉钢筋中施加预拉应力有关。(　　)

(2)张拉控制应力一般宜定在钢筋的比例极限之下。(　　)

(3)对于一次张拉完成的后张法构件,混凝土弹性压缩也会引起应力损失。(　　)

(4)构件预加应力能在一定程度上提高其抗剪强度。(　　)

(5)先张法构件预应力钢筋的两端,一般不设置永久性锚具。(　　)

(6)预应力混凝土简支梁由于存在预应力张拉上挠度,在制作时一定要设置向下的拱度。(　　)

(7)张拉控制应力 σ_{con} 的确定是越大越好。(　　)

(8)预应力钢筋应力松弛与张拉控制应力的大小有关,张拉控制应力越大,松弛越小。(　　)

(9)混凝土预压前发生的预应力损失称为第一批预应力损失组合。(　　)

(10)张拉控制应力只与张拉方法有关。(　　)

(11)对后张法预应力混凝土构件,混凝土的弹性压缩不会引起预应力损失。(　　)

(12)当荷载产生的弯矩达到消压弯矩时,梁横截面上就不存在预压应力。(　　)

（13）采用超张拉可减小孔道摩擦及钢筋应力松弛损失。（　　）

（14）施加预应力时,混凝土预压区应设在使用阶段的受拉区。（　　）

（15）普通钢筋混凝土梁抗弯设计时需要限制受压区高度来避免脆性破坏,而预应力混凝土梁由于预压力的作用往往是全截面受压的,因此不需要限制受压区高度。（　　）

（16）全预应力混凝土梁从施工开始,到正常使用,直至承载能力极限状态,混凝土均不会产生弯曲裂缝。（　　）

（17）两预应力混凝土梁 A 和 B,除张拉控制应力略有不同外,材料、截面及配筋、施工工艺等均相同,若梁 A 的张拉控制应力为 1000MPa,梁 B 的张拉控制应力为 950MPa,则梁 B 的抗弯强度比梁 A 的小约 5%。（　　）

（18）预应力使预应力梁产生向上的挠度（上拱度）,随着时间的推移,预应力损失逐步发生,预应力逐步减小,所以预应力引起的梁的上拱度肯定会逐渐减小。（　　）

（19）普通钢筋混凝土梁的计算工作主要是抗弯、抗剪强度计算和裂缝宽度、挠度验算;而预应力梁的计算工作是从施工全过程跟踪的,主是原因是预应力是主动受力的。（　　）

（20）对梁施加预应力既不能提高其正截面承载力,也不能提高其斜截面承载力。（　　）

（21）即使不配置弯起的预应力钢筋,预应力混凝土梁的斜截面抗剪承载力也比条件相同的普通钢筋混凝土梁的抗剪承载力高。（　　）

3. 填空题

（1）预应力混凝土受弯构件,从预加应力到承受外荷载,直至最后破坏,可分为三个主要阶段,即_____、_____和_____。

（2）预应力摩擦损失,主要由于_____和_____两部分影响所产生。

（3）预应力混凝土构件应力计算的内容包括_____、_____以及_____。

（4）验算主应力目的是_____。

（5）主拉应力的验算实际上是_____的验算。

（6）预应力混凝土受弯构件的挠度,是由_____和_____两部分所组成。

（7）预应力混凝土梁的抵抗弯矩是由基本不变的_____与随外弯矩变化而变化的_____的乘积所组成。

（8）先张法预应力混凝土构件在第一阶段的应力损失 σ_{l1} 为_____。

（9）钢筋初拉应力越高,其应力松弛越_____。

（10）由锚具变形所引起的钢筋回缩也会受到管道摩阻力的影响,这种摩阻力与钢筋张拉时的摩阻力方向相反,称之为_____。

4. 简答题

（1）先张法的预应力是靠什么传递的? 什么叫传递长度?

（2）什么是张拉控制应力? 为什么张拉控制应力定得不能太高,也不能太低?

（3）预应力度的定义是什么? 我国对加筋混凝土系列是如何分类的?

（4）预应力损失的种类有哪些? 减小相应损失的方法是什么?

（5）先张法构件和后张法构件的第一批损失及第二批损失是如何组合的?

（6）什么是有效预应力? 什么是永存预应力?

（7）什么是消压弯矩？消压弯矩是如何确定的？

（8）什么是上、下核心距？什么是束界？

（9）什么是预应力钢筋的松弛？为什么短时的超张拉可以减小松弛损失？

（10）在计算施工阶段混凝土预应力时，为什么先张法用构件的换算截面 A_0，而后张法却用构件的净截面 A_n？在使用阶段为何二者都用 A_0？

（11）预应力混凝土构件中的非预应力钢筋有何作用？

（12）为什么要对后张法构件端部进行局部承受压承载力验算？应进行哪些方面的计算？不满足时采取什么措施？

（13）后张法构件中为什么要同时预留灌浆孔和出气孔？

（14）何谓全预应力混凝土？何谓部分预应力混凝土？何谓无粘结预应力混凝土？

（15）预应力是否越大越好？钢筋张拉数量是否越多越好？

（16）某钢筋混凝土梁(适筋梁)，从加载至拉区混凝土开裂，截面上的弯矩变化为 ΔM_1，从混凝土开裂至梁破坏，截面上的弯矩变化量为 ΔM_2，另一条件相同的预应力混凝土梁(适筋梁)，从加载至拉区混凝土开裂，截面上的弯矩变化为 $\Delta M_1'$，从混凝土开裂至梁破坏，截面上的弯矩变化量为 $\Delta M_2'$，试分析下述(a)、(b)式的原因。

（a）$\Delta M_1 < \Delta M_1'$　　　（b）$\Delta M_1 + \Delta M_2 = \Delta M_1' + \Delta M_2'$

（17）为什么对预应力筋的要求必须要①高强度；②较好的塑性；③较好的粘结性能？

（18）如采用相同的控制应力 σ_{con}，相同的预应力损失值，当加载至混凝土预压应力 σ_{pc} 为零时，先张法和后张法两种构件中预应力钢筋的应力 σ_p 是否相同，哪个大？

（19）后张法预应力混凝土构件，为什么要控制局部受压区的截面尺寸，并需在锚具处配置间接钢筋？在确定 β_1 时，为什么 A_b 和 A_l 不扣除孔道面积？局部验算和预应力作用下的轴压验算有何不同？

5. 计算题

（1）某先张法预应力混凝土受弯构件，截面尺寸为 $b \times h = 250mm \times 600mm$，预应力筋采用两根直径 $d = 15.2mm(A_p = 280mm^2, f_{pk} = 1860MPa)$ 的钢绞线，其重心位置到截面下边缘的距离为 65mm，夹片式锚具(无顶压)。在长度为 $l = 50m$ 的台座上一端张拉预应力筋，养护温差 $\Delta t = 30℃$。混凝土强度等级为 C40，当混凝土强度等级达到设计强度的 80% 时，放松预应力筋。试计算该构件的各项预应力损失，并进行预应力损失值的组合。

（2）某后张法预应力混凝土受弯构件，构件长 $l = 15m$，截面尺寸为 $b \times h = 250mm \times 600mm$。预应力筋采用两根直径 $d = 18mm(A_p = 509mm^2)$ 的精轧螺纹钢筋，预留孔道采用直径为 50mm 预埋铁皮管，直线配筋。混凝土强度等级为 C40，当混凝土强度等级达到设计强度的 80% 时，一次张拉预应力筋，计算该构件跨中截面的各项预应力损失，并进行预应力损失值的组合。

（3）先张法预应力混凝土受弯构件，换算截面面积 $A_0 = 21850mm^2$，截面惯性矩 $I_0 = 7.9 \times 10^9 mm^4$，截面中性轴到截面受拉边缘的距离为 350mm，预应力筋重心位置到截面受拉边缘的距离 $a_p = 75mm$。预应力筋采用钢绞线，截面面积 $A_p = 840mm^2$，$f_{pk} = 1860MPa$，混凝土强度等级 C40。在截面下边缘建立的有效预压应力 $\sigma_{pcⅡ} = 13.5MPa$。试计算构件的消压弯矩 M_0 和

开裂弯矩 M_{cr}。（$\gamma = 1.5$）

（4）计算下列条件下，先张法和后张法预应力混凝土受弯构件截面下边缘混凝土所受到的有效预压应力 σ_{pc}、消压弯矩 M_0、开裂弯矩 M_{cr} 及极限承载力 M_u，并对两者进行比较。截面尺寸如图13-1所示。

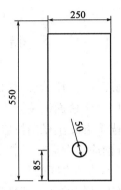

图13-1 截面尺寸图(尺寸单位:mm)

①混凝土强度等级采用C40；

②预应力筋采用 $d = 15.2\text{mm}$ 的钢绞线（$A_p = 560\text{mm}^2$，$f_{pk} = 1860\text{MPa}$），张拉控制应力 $\sigma_{con} = 1100\text{MPa}$，预应力总损失 $\sigma_l = 250\text{MPa}$；

③不考虑弹性压缩损失的影响。

（5）后张法预应力混凝土受弯构件，截面特性:$A_0 = 21850\text{mm}^2$，$A_n = 18920\text{mm}^2$，$I_0 = 7.9 \times 10^9\text{mm}^4$，$I_n = 6.5 \times 10^9\text{mm}^4$，截面重心到截面受拉边缘的距离 $y_0 = 350\text{mm}$，$y_n = 375\text{mm}$，预应力筋重心位置到截面受拉边缘的距离 $a_p = 75\text{mm}$。预应力筋采用钢绞线，截面面积 $A_p = 840\text{mm}^2$（$f_{pk} = 1860\text{MPa}$）；混凝土强度等级C40，在混凝土中建立的有效预压应力 $\sigma_{pcII} = 15.2\text{MPa}$。试计算构件的消压弯矩 M_0 和开裂弯矩 M_{cr}。（$\gamma = 1.5$）

（6）某先张法预应力混凝土梁，混凝土强度等级采用C50，换算截面面积 $A_0 = 1.67 \times 10^6\text{mm}^2$，$I_0 = 4.56 \times 10^{10}\text{mm}^4$。截面重心到截面受拉边缘的距离 $y_0 = 524\text{mm}$，预应力筋重心位置到截面受拉边缘的距离 $a_p = 60\text{mm}$；预应力筋采用钢绞线（$d = 15.2\text{mm}$，$A_p = 700\text{mm}^2$，$f_{pk} = 1860\text{MPa}$），张拉控制应力 $\sigma_{con} = 1200\text{MPa}$，$\sigma_l = 305\text{MPa}$，$\sigma_{l4} = 45\text{MPa}$。计算该构件截面下边缘混凝土法向应力为零时和即将开裂时能承受的弯矩。（$\gamma = 1.5$）

（7）某后张法预应力混凝土受弯构件，截面特性:$A_0 = 1.85 \times 10^6\text{mm}^2$，$A_n = 1.36 \times 10^6\text{mm}^2$，$I_0 = 8.9 \times 10^{10}\text{mm}^4$，$I_n = 7.23 \times 10^{10}\text{mm}^4$，截面重心到截面受拉边缘的距离 $y_0 = 523\text{mm}$，$y_n = 587\text{mm}$，预应力筋重心位置到截面受拉边缘的距离 $a_p = 80\text{mm}$。预应力筋采用消除应力刻痕钢丝（$d = 5\text{mm}$，$A_p = 980\text{mm}^2$），混凝土强度等级C40，$\sigma_{con} = 1058\text{MPa}$，$\sigma_l = 295\text{MPa}$，试计算构件的消压弯矩 M_0 和开裂弯矩 M_{cr}。（$\gamma = 1.5$）

第14章　部分预应力混凝土受弯构件

14.1　学习指导

全预应力混凝土结构虽有抗裂刚度大、抗疲劳、防渗漏等优点,但是在工程实践中也发现一些缺点,例如,主梁的反拱变形大,以至于桥面铺装施工的实际厚度变化较大,易造成桥面损坏,影响行车顺适;当预加力过大时,锚下混凝土横向拉应变可能超出极限拉应变,易出现沿预应力钢筋纵向不能恢复的裂缝。部分预应力混凝土结构的出现是工程实践的结果,它是介于全预应力混凝土结构和普通钢筋混凝土结构之间的预应力混凝土结构。

本章主要介绍了部分预应力混凝土结构的受力特性以及它的发展和特点;部分预应力混凝土受弯构件的计算,部分预应力混凝土受弯构件的设计以及构造要求。学习本章主要了解部分预应力混凝土结构与全预应力混凝土结构的区别以及它的设计计算方法。

14.1.1　本章主要内容及学习要求

1)部分预应力混凝土结构的受力特性

(1)部分预应力混凝土是介于全预应力混凝土与普通钢筋混凝土之间的结构,根据要求施加适量的预应力,配置普通钢筋以保证承载力要求。充分发挥预应力钢筋的作用(抗裂),利用普通钢筋的作用(与预应力钢筋一起提供承载力)。设计人员可以根据结构使用要求来选择预应力度的高低,部分预应力可以为设计人员提供更多主动性、创造性。

(2)《公路桥规》对部分预应力混凝土结构分为 A 类构件和 B 类构件两类。

(3)实现部分预应力的可行方法主要有以下三种:①全部采用高强钢筋,将其中的一部分高强钢筋张拉到最大容许张拉应力;②将全部预应力钢筋都张拉到一个较低应力水平;③用普通钢筋来代替一部分预应力高强钢筋(混合配筋)。

2)允许开裂的部分预应力混凝土受弯构件的计算

(1)理解部分预应力混凝土结构的概念和构件截面混合配筋的原则。

(2)允许开裂的 B 类预应力混凝土受弯构件与全预应力及预应力混凝土受弯构件在使用阶段的计算不同点在于截面已开裂。B 类预应力混凝土梁截面开裂后仍具有一个良好的弹性工作性能阶段,即开裂弹性阶段。

(3)开裂后的截面应力计算可以采用弹性分析法,它是根据内力平衡和应变协调两个条件通过试算分析来求解,其优点是概念清楚,但计算比较麻烦。给定弯矩直接求出开裂截面应力的消压分析法是将 B 类预应力混凝土受弯构件,转化为轴向力作用点距截面重心轴 e_{0N} 的钢筋混凝土偏心受压构件,然后进行开裂截面应力计算的方法。

(4)对使用阶段允许出现裂缝的 B 类预应力混凝土受弯构件,《公路桥规》采用的最大裂缝宽度计算式与钢筋混凝土构件裂缝宽度计算公式类似。

(5)《公路桥规》规定允许开裂的预应力混凝土 B 类构件的抗弯刚度按作用频遇组合 M_s 分段取用,主要是不同分段的刚度不同。

3)允许开裂的预应力混凝土受弯构件的设计

(1)理解部分预应力混凝土结构的受力特性以及它的发展和特点,了解部分预应力混凝土 B 类构件截面应力、裂缝宽度和变形计算方法。掌握 B 类预应力混凝土受弯构件的设计流程图。

(2)了解截面配筋设计的预应力度法、截面配筋设计的名义拉应力法的设计计算流程。

4)构造要求

(1)了解部分预应力混凝土的概念与混合配筋原则。了解部分预应力混凝土受弯构件的设计以及构造要求。

(2)部分预应力混凝土梁应采用混合配筋。采用混合配筋的受弯构件,非预应力钢筋数量应根据预应力度的大小选择不同的配筋率。

(3)非预应力钢筋宜采用 HRB400 级热轧钢筋。截面配筋率要满足最小配筋率和最大配筋率的要求。

14.1.2　本章的难点及学习时应注意的问题

(1)了解部分预应力混凝土受弯构件钢筋设计的方法、特点,名义拉应力和预应力度法计算的特点。

(2)部分预应力混凝土结构与全预应力混凝土结构的设计计算有许多的相同点,也有一些特殊问题。二者在持久状况正截面、斜截面承载力计算,局部承压计算,预应力损失估算方面比较类似;其不同之处主要是使用阶段截面的正应力计算,裂缝宽度计算(验算),变形计算,疲劳计算,截面配筋计算,构造要求。

14.2　综　合　练　习

简答题

(1)简述部分预应力混凝土结构的优点?

(2)简述部分预应力混凝土受弯构件的设计内容?

(3)何谓部分预应力混凝土? 按预应力度法分类时,共分为哪几类?

(4)无粘结预应力混凝土构件中无粘结预应力筋的极限应力计算公式为什么与有粘结预应力混凝土构件不同?

(5)按截面混凝土应力控制条件,部分预应力混凝土结构可分为几类? 各有什么不同?

(6)部分预应力混凝土受弯结构受力特性与全预应力混凝土受弯结构的受力特性主要有哪些不同? 部分预应力混凝土结构主要应用范围是什么?

(7)按预应力度法进行部分预应力混凝土结构截面配筋设计的主要步骤有哪些?

(8)部分预应力混凝土结构抗疲劳的主要特点有哪些?

(9)在混合配筋的预应力混凝土结构中,非预应力钢筋的作用是什么?

第15章　混凝土结构课程设计

15.1　钢筋混凝土 T 形截面简支梁课程设计任书

15.1.1　课程设计目的

课程设计是混凝土结构设计原理课程重要的实践环节,是学生在校期间一次较全面的动手能力的训练,在实现学生总体培养目标中占有重要地位。通过课程设计,要求学生完成如下教学目标与任务:

(1)综合运用已经学过的专业基础知识进行课程设计,使学生更好地掌握混凝土结构的基本理论与设计方法,加强理论联系实际,培养学生独立分析问题和解决工程实际问题的能力。

(2)掌握混凝土结构构件设计的一般方法,掌握设计的一般规律,熟悉应用《公路钢筋混凝土及预应力混凝土桥涵设计规范》(JTG 3362—2018)、《公路桥涵设计通用规范》(JTG D60—2015)等规范。

(3)得到结构构件设计基本技能的训练,如正确设计计算、编写设计说明书、绘制施工图纸、应用图表等方面。

15.1.2　设计资料

下面有两个设计题目可供选做,第一个题目要求设计焊接钢筋骨架,第二个题目要求设计绑扎钢筋骨架。

1)设计题目1

某装配式钢筋混凝土 T 形截面简支梁,标准跨径 $L_{标}=15\mathrm{m}$,计算跨径 $L=14.5\mathrm{m}$,梁全长 $L_{全}=14.96\mathrm{m}$。T 形梁截面尺寸初步拟定为:$b=180\mathrm{mm}$,$h=1100\mathrm{mm}$,翼缘宽 $b_f'=1500\mathrm{mm}$(预制时宽1480mm),翼缘悬臂端部厚 $h_f'=100\mathrm{mm}$,与腹板相连处厚140mm。梁处于 I 类环境条件,安全等级为二级。梁体混凝土强度等级拟采用 C30,受力主钢筋采用 HRB400 级,箍筋采用HPB300 级,钢筋采用焊接骨架。设计要求:

进行梁的配筋设计(需设弯起钢筋)。

验算梁的最大裂缝宽度和跨中挠度是否满足要求。梁控制截面内力如表 15-1 所示。

梁控制截面内力表　　　　　　　　　　　　　　　　表 15-1

荷载类型	弯矩标准值(kN·m)		剪力标准值(kN)	
	$L/2$ 截面	$L/4$ 截面	支点截面	$L/2$ 截面
永久荷载	568.45	461.47	116.71	0
汽车荷载	576.45	490.28	151.95	52.56
人群荷载	35.27	27.56	9.43	1.62

表中汽车荷载已计入冲击,冲击系数 $1 + \mu = 1.22$。绘制弯矩 M 分布图和剪力 V 分布图时荷载近似按均布荷载考虑。

2)设计题目 2

某钢筋混凝土 T 形截面简支梁,标准跨径 $L_标 = 13m$,计算跨径 $L = 12.5m$,梁全长 $L_全 =$ 12.96m。T 形梁截面尺寸初步拟定为:$b = 250mm$,$h = 1000mm$,翼缘宽 $b_f' = 1200mm$(预制时宽 1180mm),翼缘悬臂端部厚 $h_f' = 100mm$,与腹板相连处厚 140mm。梁处于 Ⅱ 类环境条件,安全等级为二级。梁体混凝土强度等级拟采用 C30,受力主钢筋采用 HRB400 级,箍筋采用 HPB300 级,钢筋采用绑扎骨架。设计要求:

进行梁的配筋设计(需设弯起钢筋)。

验算梁的最大裂缝宽度和跨中挠度是否满足要求。梁控制截面内力如表 15-2 所示。

梁控制截面内力表　　　　　　　　　　　　　表 15-2

荷载类型	弯矩标准值(kN·m)	剪力标准值(kN)	
	$L/2$ 截面	支点截面	$L/2$ 截面
永久荷载	462.30	93.62	0
汽车荷载	439.54	14.24	36.55
人群荷载	23.22	5.75	0.58

表中汽车荷载已计入冲击,冲击系数 $1 + \mu = 1.24$。绘制弯矩 M 分布图和剪力 V 分布图时荷载近似按均布荷载考虑。

15.1.3　设计成果

(1)设计计算书一份,书写整齐并装订成册。要求书写工整、内容详实、计算正确、制图规范。

(2)施工图 1~2 张,要求手绘,比例协调、构造合理正确、线条分明,尺寸与符号注解齐全,书写工程字(仿宋体)。制图一般规定参见附录 A。

15.1.4　考核评价

考核包括内容是否完整、质量是否达到要求、完成课程设计的态度及完成过程的独立程度等。

15.2　预应力混凝土梁课程设计任务书

15.2.1　设计目的

(1)熟悉预应力混凝土梁设计计算的一般步骤,并能独立完成预应力混凝土梁的设计;

(2)了解预应力混凝土梁的一般构造及钢筋构造,能正确绘制施工图。

15.2.2 设计资料

预应力简支梁共 6 个题目,其跨径采用目前公路建设中较多采用的 16m、20m、30m、40m 跨,截面形式采用空心板及 T 形截面。

预应力筋均采用 ASTMA416 – 97a 标准的低松弛钢绞线(1×7 标准型),$d = 15.24\text{mm}$,$A_p = 140\text{mm}^2$,抗拉强度标准值 $f_{pk} = 1860\text{MPa}$,抗拉强度设计值 $f_{pd} = 1260\text{MPa}$,弹性模量 $E_p = 1.95 \times 10^5 \text{MPa}$。锚具采用夹片式群锚。

非预应力钢筋采用 HRB400。

施工工艺采用后张法施工,预留孔道采用预埋塑料波纹管成型,钢绞线两端同时张拉,张拉控制应力按规范选取。

桥面如采用沥青混凝土桥面铺装层,重力密度 23.0 ~ 24.0kN/m³,如采用水泥混凝土桥面铺装层,重力密度 24.0 ~ 25.0kN/m³。

设计题目中汽车荷载效应已经给出,涉及的人群荷载效应、梁体自重效应(一期恒载)、梁体湿接缝、桥面铺装作用效应(二期恒载)如果题目中没有给出,则由学生根据拟定的结构尺寸自己计算。

1)20m 跨预应力混凝土空心板梁

某人行天桥,处于 I 类环境条件,安全等级为三级, 截面尺寸见图 15-1(独梁),全梁可采用等截面。

跨径 $l_标 = 20\text{m}$,$l_计 = 19.5\text{m}$,$l_全 = 19.96\text{m}$。

梁体采用 C40 混凝土。桥面采用 80mm 厚 C40 水泥混凝土铺装层。

荷载标准:人群荷载 3.5kN/m²,广告牌 2 kN/m(两侧)。

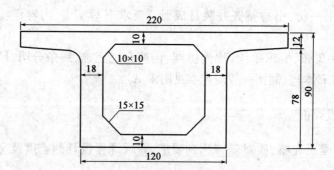

图 15-1　20m 跨人行天桥预应力混凝土空心板构造图(尺寸单位:cm)

2)16m 跨预应力混凝土空心板

某人行天桥,处于 I 类环境条件,安全等级为三级。截面尺寸见图 15-2(独梁),全梁可采用等截面。

跨径 $l_标 = 16\text{m}$,$l_计 = 15.5\text{m}$,$l_全 = 15.96\text{m}$。

梁体混凝土采用 C40。桥面采用 100mm 厚 C40 水泥混凝土铺装层。

荷载标准:人群荷载 3.5kN/m²,广告牌 2 kN/m(两侧)。

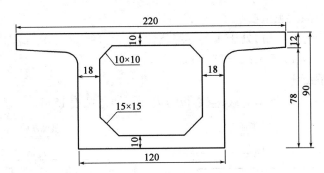

图 15-2 16m 跨人行天桥预应力混凝土空心板构造图(尺寸单位:cm)

3)20m 跨预应力混凝土空心板

某高速公路车行桥,处于 I 类环境条件,安全等级为二级,截面尺寸见图 15-3。

跨径 $l_标 = 20m, l_计 = 19.5m, l_全 = 19.96m$。

梁体采用 C50 混凝土。

荷载标准:公路 - I 级汽车荷载,空心板永久作用与可变作用标准值见表 15-3。

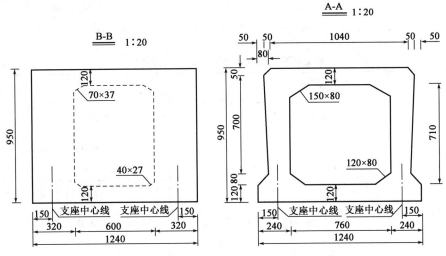

图 15-3 20m 跨预应力混凝土空心板构造图(尺寸单位:mm)

空心板永久作用与可变作用标准值　　　　　　　　　表 15-3

作 用 分 类	跨　　中		$\frac{1}{4}L$		距支点 h		支点
	弯矩 (kN・m)	剪力 (kN)	弯矩 (kN・m)	剪力 (kN)	弯矩 (kN・m)	剪力 (kN)	剪力 (kN)
一期恒载 S_{G1k}	574.31	0.00	0.00	574.31	427.41	−76.81	−76.81
二期恒载 S_{G2k}	488.53	0.00	0.00	488.53	364.49	−65.46	−65.46
可变作用 S_{Q1k}(计冲击力, 冲击系数 0.273)	649.88	87.30	−87.30	−25.82	484.39	40.45	−139.89

4）16m跨预应力混凝土空心板

某跨越高速公路的车行桥，处于Ⅰ类环境条件，安全等级为二级，截面尺寸见图15-4。

跨径 $l_标 = 16m$，$l_计 = 15.5m$，$l_全 = 15.96m$。

梁体采用C50混凝土。

荷载标准：公路－Ⅰ级汽车荷载，空心板内力计算结果见表15-4。

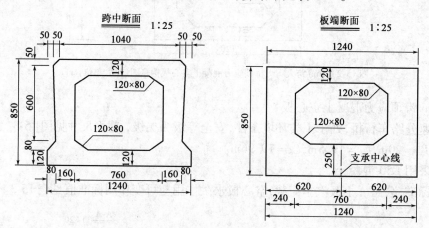

图15-4　16m跨预应力混凝土空心板构造图（尺寸单位：mm）

空心板内力计算结果（M:kN·m；V:kN）　　　　　　　　表15-4

作　　用		跨中截面				L/4 截面				支点截面
		M_{max}	相应的 V	V_{max}	相应的 M	M_{max}	相应的 V	V_{max}	相应的 M	V_{max}
一期恒载标准值 G_1（预制空心板梁）		441.95	0.00	0.00	441.95	328.90	-59.11	-59.11	328.90	-119.14
二期恒载标准值 G_2	整体化层及桥面铺装及栏杆	375.94	0.00	0.00	375.94	280.49	-50.37	-50.37	280.49	-99.82
汽车荷载标准值（计入冲击系数1.338）		500.10	67.18	-67.18	-19.87	372.75	31.13	-107.65	-29.72	-151.65

5）30m跨预应力混凝土T梁

某车行桥处于Ⅰ类环境条件，安全等级为二级，截面尺寸见图15-5，其中变化点截面起点距离支座中心线3.7m，其截面与Ⅱ－Ⅱ截面相同；变化截面终点距离支座中心线2.0m，终点截面与Ⅰ－Ⅰ截面相同；起点与终点之间截面采用直线变化。预制梁顶宽为1.93m，左右湿接缝宽度为0.20m，成桥T梁宽度为2.23m（图15-5）。

跨径 $l_标 = 30m$，$l_计 = 29.2m$，$l_全 = 29.96m$。

梁体采用C50混凝土。桥面铺装厚100mm。

荷载标准:公路 – Ⅱ级,汽车荷载效应标准值见表 15-5。人群荷载:3.0kN/m²。

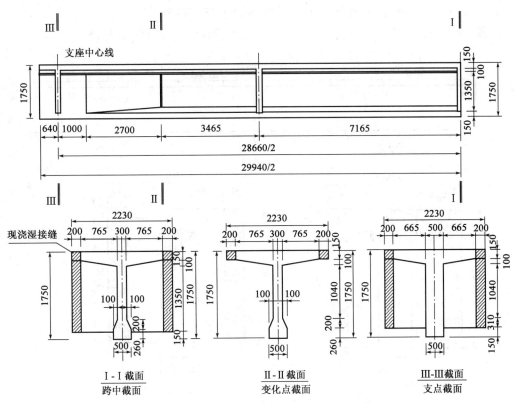

图 15-5　主梁各部分尺寸图(尺寸单位:mm)

主梁内力(标准值)表　　　　　　　　　　　　　表 15-5

作　　　用	跨中截面				L/4 截面		截面变化处		支点截面
	M_{max} (kN·m)	相应 V (kN)	V_{max} (kN)	相应 M (kN·m)	M_{max} (kN·m)	V_{max} (kN)	M_{max} (kN·m)	V_{max} (kN)	V_{max} (kN)
自重(一期)	2043.8	0	0	2043.8	1533.4	140.14	436.7	248.6	280.28
第二阶段荷载(二期自重)	1045	0	0	1045	784.3	71.72	223.3	127.16	143.33
人群荷载标准值	392.7	0	13.53	196.9	294.8	30.36	100.76	55.33	67.32
汽车荷载标准值(未计入冲击系数0.091)	1563.1	87.34	97.24	1419	1323.3	166.65	345.4	208.89	213.73

6)40m 跨预应力混凝土 T 梁

某车行桥,处于Ⅰ类环境条件,安全等级为二级,截面尺寸见图 15-6,其中变化点截面起点距离支座中心线 4.6m,其截面与Ⅱ – Ⅱ截面相同;变化截面终点距离支座中心线 2.0m,终点截面与Ⅰ-Ⅰ截面相同;起点与终点之间截面采用直线变化。预制梁顶宽为 1.70m (图 15-6),左右湿接缝宽度为 0.35m,成桥梁宽度为 2.40m。

跨径 $l_{标} = 40\text{m}, l_{计} = 39.2\text{m}, l_{全} = 39.96\text{m}$。

梁体采用 C50 混凝土,桥面铺装采用厚 80mm 的 C50 混凝土。

荷载标准:公路 – Ⅰ 级,人群荷载:3.0kN/m^2,其荷载效应标准值见表 15-6。

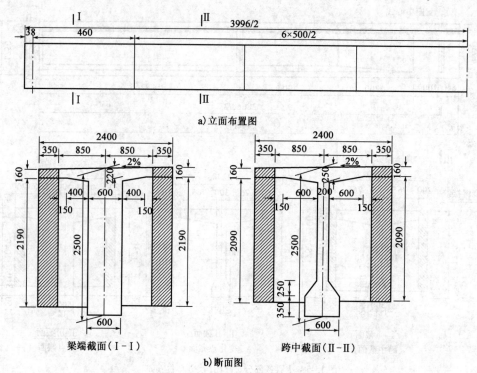

a) 立面布置图

梁端截面(Ⅰ-Ⅰ)   跨中截面(Ⅱ-Ⅱ)

b) 断面图

图 15-6　40m 跨预应力混凝土 T 梁构造图(尺寸单位:mm)

荷载效应标准值($M:\text{kN} \cdot \text{m}, V:\text{kN}$)　　　　　　　　表 15-6

荷载类型	跨中截面		L/4 截面		支点截面
	M	V	M	V	V
	($\text{kN} \cdot \text{m}$)	(kN)	($\text{kN} \cdot \text{m}$)	(kN)	(kN)
一期永久作用	5547.80	0	4160.89	284.51	569.01
二期永久作用	3249.24	0	2436.93	166.63	333.26
可变作用(汽车)	3054.00	144.83	2290.50	240.35	360.18
可变作用(汽车)冲击	610.80	28.97	458.10	48.07	72.04
可变作用(人群)	216.10	5.54	162.08	12.47	21.49

15.2.3　设计成果要求

1)设计计算书一份。内容包括:

(1)根据正截面抗弯及斜截面抗剪设计预应力筋及腹筋;

（2）梁的正截面抗弯承载力验算；

（3）梁的斜截面抗剪承载力验算；

（4）施工阶段应力验算；

（5）使用阶段应力验算；

（6）局部承压验算；

（7）变形验算。

2）施工图1~2张。内容包括：

（1）梁的一般构造图（主要示出梁的详细构造尺寸，以便模板、支架的制作设置）；

（2）预应力钢束构造图（主要示出钢束的空间位置，起弯点、弯终点、锚固点位置坐标，钢束大样）；

（3）梁的横截面图；

（4）其他构造图，如主梁封锚端详细尺寸及构造、普通钢筋构造等；

（5）图纸要求：构造合理正确、线条清晰匀称、尺寸与符号注解齐全，书写工程字。

3）绘图格式

（1）图幅规格：标准A3图纸。

（2）绘图格式：设计图严格按照《道路工程制图标准》（GB 50162—1992）及附件制图标准的要求绘制，图框右下角图标采用图15-7所示形式。

图15-7　图框右下角格式（尺寸单位:mm）

15.2.4　考核内容与方式

考核内容包括内容是否完整，质量是否达到要求，完成课程设计的态度及独立程度等。并将考核成绩计入最后的考试成绩中。

15.2.5　设计参考资料

1）参考书目

（1）胡兆同，等.桥梁通用构造及简支梁桥[M].北京:人民交通出版社,2004.

（2）徐岳，等.公路桥梁设计丛书·连续梁桥,北京:人民交通出版社,2012.

（3）朱新实，刘效尧.预应力技术及材料设备[M].3版.北京:人民交通出版社,2012.

（4）中华人民共和国行业标准.JTG 3362—2018　公路钢筋混凝土及预应力混凝土桥涵设计规范[S].北京:人民交通出版社股份有限公司,2018.

（5）中华人民共和国行业标准.JTG D60—2015　公路桥涵设计通用规范[S].北京:人民交通出版社股份有限公司,2015.

2）参考资料（表 15-7 ~ 表 15-10）

OVM15 锚具基本参数表 表 15-7

型　号	预应力筋（根数）	锚垫板（mm）	锚具尺寸（mm）	波纹管直径（mm）	张拉千斤顶
OVM15 – 3	3	$140 \times 135 \times 100$	$\phi 90 \times 55$	55	YCW100
OVM15 – 4	4	$160 \times 150 \times 110$	$\phi 105 \times 55$	55	YCW100
OVM15 – 5	5	$180 \times 165 \times 120$	$\phi 117 \times 55$	55	YCW100
OVM15 – 6 7	6,7	$200 \times 180 \times 140$	$\phi 135 \times 55$	70	YCW150
OVM15 – 8	8	$230 \times 210 \times 160$	$\phi 157 \times 55$	80	YCW250
OVM15 – 9	9	$230 \times 210 \times 160$	$\phi 157 \times 55$	80	YCW250
OVM15 – 12	12	$270 \times 250 \times 190$	$\phi 175 \times 55$	90	YCW250

BM15 锚具基本参数表 表 15-8

型　号	预应力筋（根数）	锚垫板（mm）	锚具尺寸（mm）	波纹管直径（mm）
BM15 – 2	2	$150 \times 140 \times 70$	$80 \times 48 \times 50$	60
BM15 – 3	3	$190 \times 180 \times 70$	$115 \times 48 \times 50$	70
BM15 – 4	4	$230 \times 220 \times 70$	$150 \times 48 \times 50$	80
BM15 – 5	5	$270 \times 260 \times 70$	$185 \times 48 \times 50$	90

圆形截面金属波纹管技术资料 表 15-9

内径（mm）	50	55	60	70	80	90	100
外径（mm）	57	62	67	77	87	97	107
毛重（kg/m）	0.58	0.65	0.71	0.95	1.17	1.39	1.64

扁形截面金属波纹管技术资料 表 15-10

短轴方向（mm）	19	19	19	19
	26	26	26	26
长轴方向（mm）	50	60	70	90
	57	67	77	97
毛重（kg/m）	0.48	0.49	0.58	0.78

附录 A　混凝土结构构件施工图绘制一般规定

钢筋混凝土结构构件的设计成果以施工图的形式体现,它是构件进行施工的主要依据。施工图中应包括构件的模板图、钢筋布置图、钢筋明细表和总表,以及说明或附注。

模板图供施工制作模板之用,应按比例详细绘制构件的外形,尺寸一定要标注齐全。对于简单的构件,模板图可与配筋图合并。

钢筋布置图表示钢筋骨架的形状及其在模板中的位置,如附图 A-1 所示。图中钢筋应编号,凡规格、长度或形状不同的钢筋必须使用不同的编号。编号写在小圆圈内,并在编号引线上注写钢筋根数及直径。钢筋详图(大样图)主要用于形状复杂的钢筋加工,应准确标明其中钢筋的规格、尺寸及形状。

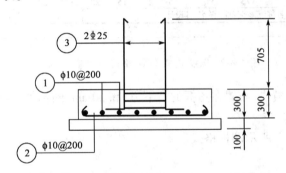

附图 A-1　钢筋布置图

钢筋明细表主要用于钢筋下料及加工成型,应列出构件中所有编号钢筋的种类、规格、形状、长度、根数、重量。工程数量总表主要用于材料采购及管理,应标明不同规格钢筋和混凝土的总用量。

说明或附注中主要包括图纸中未绘出的内容,比如尺寸单位、钢筋的混凝土保护层厚度、混凝土强度等级等,以及在施工中需要注意的事项。

以下为施工图绘制的一般规定。如有不详之处,可查阅《道路工程制图标准》(GB 50162—1992)。

1　总则

第1.1条　为统一课程设计的制图方法,提高制图效率和制图质量,制定本规定。本规定适用于公路工程相关专业方向的钢筋混凝土及预应力混凝土结构课程设计施工图编制。

2　图幅、图框及图标

第2.1条　设计文件图幅采用 297mm × 420mm(横式)。必要时,可沿图幅的长边以

105mm 的整倍数增大图幅。

第2.2条　图框四边中上、下及右边距相应图幅边 12.5mm,左边距相应图幅边 27.5mm。
图框线宽 1mm,如附图 A-2 所示。

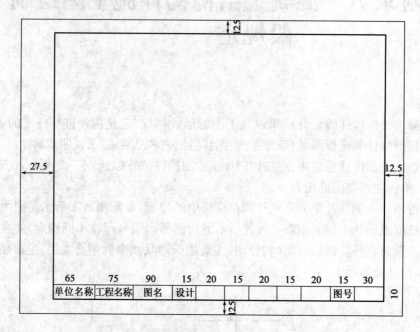

65	75	90	15	20	15	20	15	20	15	30
单位名称	工程名称	图名	设计						图号	

附图 A-2　图幅、图框及图标格式(尺寸单位:mm)

第2.3条　图标为横式,布置在图框的右下方,高 10mm,图标外框线宽 0.4mm,内分格线
0.25mm。

也可采用如附图 A-3 所示图标格式。

	校名				图号区	
制图	姓名	日期	图名		比例	
校核	姓名	日期			班级	

180   40

附图 A-3　图标格式(尺寸单位:mm)

3　字体及图线

第3.1条　图纸中的汉字及与其搭配的字符均应采用长仿宋体,字的宽高比一般为 0.7,
特殊情况可降至 0.5。

第3.2条　图纸中的独立字符应采用工程体,字的宽高比一般为 0.7,特殊情况可降至
0.5。字头向右倾斜与水平线成 75°。字符不得采用手写体。

第3.3条　每张图上的图线宽不宜超过 3 种。基本线宽(b)应根据图样比例和复杂程度
确定。线宽组合为 b、$0.5b$、$0.25b$。常见线宽组合和使用示例按附表 A-1 采用。

图线线型宽度组合和使用示例　　　　　　　　　　　附表 A-1

线型名称	线宽(mm)	使用示例
加粗实线	1.0	图框线
粗实线	0.4~0.6	结构物可见轮廓线、钢筋及钢束线、剖面和断面轮廓线、图中图表外框线
中粗实线	0.2~0.3	剖面和断面剖切线、钢筋构造图中箍筋或预应力钢束布置图中钢筋等
细实线	0.1~0.15	导线、切线、尺寸组成线、作图线、指示线、配筋(束)图中结构的轮廓线、断面图上非直接剖切结构物可见轮廓线、水面线、地面线等
细点划线	0.1~0.15	轴线及中心线
折断线	0.1~0.15	被断开部分的边线 折断线中折断符宽 2~4mm，高 2×2~4mm。成对布置间距 3~5mm

4　计量单位及附注

第4.1条　图纸中钢筋直径及钢结构尺寸以毫米计，其余均以厘米计。当不按以上采用时，应在图纸中说明。

第4.2条　在同一套图纸中，同一计量单位的名称与符号应一致。当有同一计量单位的一系列数值时，可在最末一个数字后面列出计量单位，如：7.5m、10.0m、12.5m；7.5m + 10.0m + 12.5m；17~23℃。

当附有尺寸单位的数值相乘时，应按下列方式书写，如外形尺寸 40×20×30m³ 或 40m×20m×30m。

第4.3条　当带有阿拉伯数字的计量单位在文字、表格或公式中出现时，必须采用符号。如：重量为150t，不应写作 G 为 150 吨或一百五十吨。当表中上下栏目的数值或文字相同时，不得使用省略形式表示。

第4.4条　图纸中有需要说明的事项时，宜在图的右下角、图标上方加以叙述。例如：

注：

1. 本图尺寸除注明外，余均以厘米计。本图比例为 1:200。

2. 预应力钢束采用 ASTM A416-92 标准中 270 级钢绞线，标准抗拉强度 f_{pk} = 1860MPa，弹性模量 E_p = 195000MPa。张拉控制应力 σ_{con} = 0.75f_{pk}。张拉采用吨位与伸长量双控制方式。

3. 锚具采用 A15 系列锚下铸件锚座锚具，锚具尺寸、位置及角度应正确。

4. 锚具的设置采用深埋锚工艺，锚具埋深45cm，计算标准为钢束中线与索塔外壁及锚座锚固面交点间距离。混凝土强度达到设计强度的80%时方可进行钢束张拉。张拉后的管道压浆应密实，压浆应符合相关规范的技术要求。

5. 预应力钢束应在离锚头 30mm 处用砂轮切割。

6. 本图预应力钢束长度中已包括两端各120cm的预留工作长度。

5　尺寸标注

第5.1条　尺寸标注由尺寸界线、尺寸线、尺寸起止符和尺寸数字组成。在同一套图纸中，尺寸标注的方式应一致。

尺寸起止符可采用斜短线表示。把尺寸界线按顺时针转45°，作为斜短线的倾斜方向。

尺寸起止符全长 $1 \sim 1.25\text{mm}$。

尺寸起止符采用双边箭头是计算机辅助绘图软件的标准配置之一,也是国内各行业在制图中趋同采用的形式。双边箭头宽宜为 1.5mm,全高宜为 0.5mm。

第5.2条 尺寸的简化画法应符合下列规定:

(1)连续排列的等长尺寸可采用"间距数×间距尺寸"的形式标注。

(2)两个相似图形可仅绘制一个。未示出图形的尺寸数字可用括号表示并应在图注中说明。

第5.3条 当用大样图表示较小且复杂的图形时,其放大范围应在原图采用细实线绘制圆形或较规则的图形圈出,并用引出线标注。

引出线的斜线与水平线(相对)应采用细实线,其交角宜为45°和90°。当视图需要文字说明时,可将文字说明标注在引出线的水平线上。当斜线在一条以上时,各斜线宜平行或以适当交角交于一点,如附图 A-4 所示。

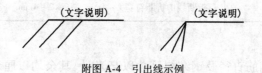

附图 A-4　引出线示例

6　视图

第6.1条 视图由下面几种图示方法及其组合表达:正投影图、剖面图、断面图。各种视图的名称,应注在视图上方中部,并在名称底边之下 1mm 处划一根粗实线及一根细实线(粗、细实线间距 1mm),以便查找。视图名称不要写"图"字。

正投影图名称应用汉字按"(半)(××)立面(平面、侧面)"形式书写;剖面图和断面图名称应按"(½)1–1(A–A)"或"(半)1–1(A–A)剖面(断面)"形式书写,如附图 A-5 所示。

附图 A-5　视图名称示例

被切物体断面的位置用剖切线表示,剖切线还应标明剖切后物体的投影方向。

第6.2条 当图形较大时,可用折断线勾出局部图形范围。当图形需折断简化表示时,折断线应等长、成对地布置。两线间距值为 $3 \sim 5\text{mm}$。越过省略部分的尺寸线不应折断,并标注实际尺寸。

第6.3条 各种表格的名称,应注在表格上方中部。名称不设下划线,底边距表格上框线 25mm。表格名称视图应写"表"字。如有可能引起误解,必须在表格名称后括号内加注表格使用范围,如附图 A-6 所示。

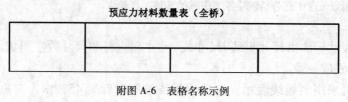

附图 A-6　表格名称示例

第 6.4 条　常用的材料名称及代号规格的标注应符合附表 A-2 的规定。

常用的材料名称及代号规格　　　　　　　　　　　　　　　附表 A-2

分　类	名　称	代 号 规 格
混凝土	混凝土	C 规格
普通钢筋	一级钢筋	φ 直径
	二级钢筋	Ⱶ 直径
	三级钢筋	Ⱶ 直径
预应力材料	钢绞线	φ^J 直径
预应力钢束	钢束管道断面	⊕
	钢束备用管道断面	⊕
	钢束断面	◆
	钢束锚固断面	⊞
	钢束锚固侧面	—┤

附录 B 焊接钢筋骨架施工图示例

说明：
1. 图中数据除已注明外，其余均以 mm 为单位。
2. 焊缝采用双面焊。如采用单面焊，焊缝长度应加倍。
3. 钢筋标注长度为直线段长。
4. 梁体混凝土为 C30。

一片梁钢筋用量表

编号	直径 (mm)	单根长 (mm)	根数	总长 (mm)
1	Φ22	6980	2	13.96
2	Φ22	8528	2	17.05
3	Φ22	10128	2	20.26
4	Φ28	11858	2	23.72
5	Φ28	13484	2	26.97
6	Φ22	12670	2	25.34
7	Φ22	14970	2	29.94
8	Φ8	12870	8	103
9	Φ8	2306	79	182.17
10	Φ22	876	4	3.26

附录 C 预应力混凝土梁钢束布置施工图示例

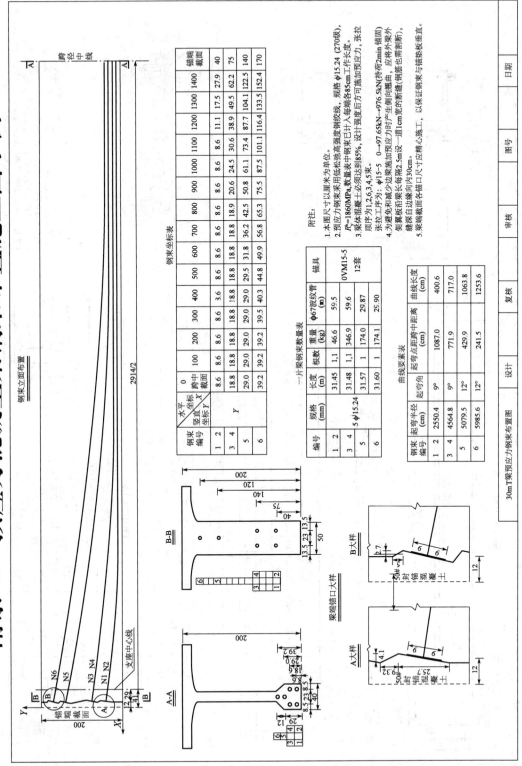

a) 30mT梁预应力钢束布置图

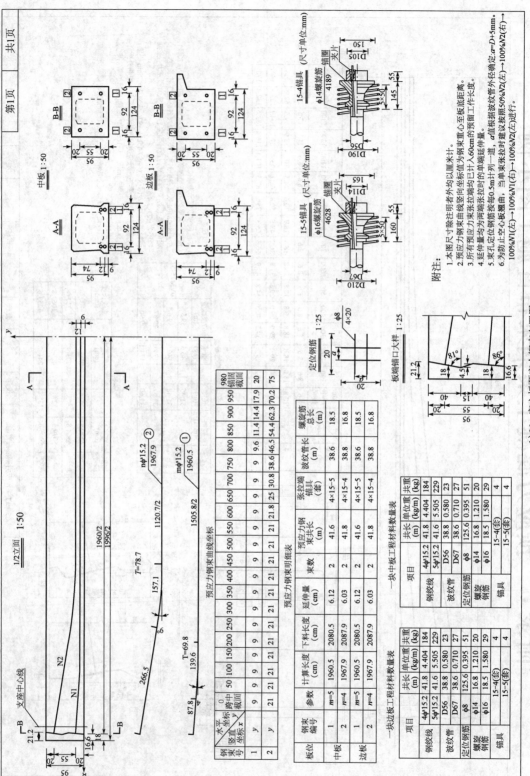

b) 20m空心板预应力钢束布置图

附录 D 参 考 答 案

第 1 章　钢筋混凝土结构的基本概念及材料的物理力学性能

1. 单项选择题

（1）~（5）题：DABCD

（6）~（10）题：BCCCB

（11）~（14）题：BACD

2. 判断题

（1）~（5）题：√√√√ ×

（6）~（10）题：√√ × × ×

（11）~（15）题：√ × √√√

3. 填空题

（1）代替混凝土受拉　协助混凝土受压

（2）150mm　20℃ ±2℃　95%　28　f_{cu}

（3）C50　C50　预应力混凝土

（4）0.95

（5）套箍　较高

（6）小　高（或大　低）

（7）消除了试验机承压板对试件套箍作用的影响

（8）极限抗压强度　极限变形能力

（9）高　大　小　差

（10）抗压　抗拉　抗拉　抗压　18 ~ 8

（11）上升　下降　收敛　f_c　ε_0　ε_{cu}　ε_{cu}

（12）原点弹性模量　切线模量　割线模量

（13）应力　线性

（14）约束

（15）减小混凝土的收缩应力　防止混凝土开裂

（16）HPB300　HRB400　HRBF400　RRB400　HRB500　光圆钢筋　带肋钢筋

（17）与钢筋的公称截面积相等的圆的直径

（18）弹性阶段　屈服阶段　强化阶段　颈缩阶段　屈服强度　极限强度　伸长率　伸长率

（19）屈服强度与极限强度　不应大于 0.8　强度储备

（20）伸长率　冷弯性能

（21）降低

（22）强度　塑性　可焊性　与混凝土的粘结力

（23）化学胶着力　摩擦力　机械咬合力

4. 简答题

（1）主要是因为：

①混凝土和钢筋之间有着良好的粘结力，使两者能可靠地结合成一个整体，在荷载作用下能够很好地共同变形，完成其结构功能。

②钢筋和混凝土的温度线膨胀系数较为接近，钢筋为 $1.2 \times 10^{-5}℃^{-1}$，混凝土为 $1.0 \times 10^{-5} \sim 1.5 \times 10^{-5}℃^{-1}$。因此当温度变化时，钢筋与混凝土之间不致产生较大的相对变形而破坏两者之间的粘结。

③质量良好的混凝土可以保护钢筋免遭锈蚀，保证钢筋与混凝土的共同作用。

（2）以每边边长为 150mm 的立方体为标准试件，在 $20℃ \pm 2℃$ 的温度和相对湿度在 95% 以上的潮湿空气中养护 28d，依照标准制作方法和试验方法测得的抗压强度值（以 MPa 为单位）作为混凝土的立方体抗压强度，用符号 f_{cu} 表示。

混凝土立方体抗压强度与试件尺寸、试验方法有着密切的关系。按照这样严格的规定，就可以排除不同试件尺寸、制作方法、养护环境等因素对混凝土立方体抗压强度的影响。

"尺寸效应"是指所用立方体试件尺寸不同，测得的抗压强度值也不同。试验表明，立方体试件的尺寸越小，摩阻力的影响越大，测得的抗压强度值就越高。

"套箍作用"是指立方体抗压强度试验中，试验机承压板与混凝土试件接触面之间产生摩阻力，对试件形成环箍效应，阻滞了混凝土内部裂缝的发展，从而提高了混凝土试件的实测强度。

（3）混凝土棱柱体在一次短期加载时的应力 – 应变曲线见附图 1-1。混凝土轴心受压应力的应变全曲线由上升段 OC、下降段 CD 和收敛段 DE 组成，曲线上有三个特征值：

C 点对应的应力为峰值应力 f_c，即混凝土的轴心抗压强度。对于均匀受压的棱柱体试件，其压应力达到 f_c 时，混凝土就不能承受更大的压力，f_c 为结构构件计算时混凝土强度的主要指标。

C 点对应的应变为峰值应变 ε_{c0}，其值随混凝土强度等级不同而异，在 $(1.5 \sim 2.5) \times 10^{-3}$ 之间变动，通常取其平均值 $\varepsilon_{c0} = 2.0 \times 10^{-3}$。

反弯点 D 对应的应变为混凝土的极限压应变 ε_{cu}，是混凝土的延性指标，反映了混凝土的变形能力，通常取 $\varepsilon_{cu} = 0.003 \sim 0.0035$。

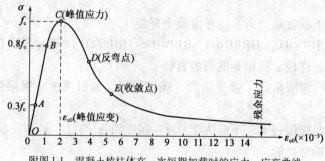

附图 1-1　混凝土棱柱体在一次短期加载时的应力 – 应变曲线

（4）从不同强度等级混凝土的应力 – 应变曲线可以看出，随着混凝土强度等级的提高，其原点弹性模量、峰值应力、峰值应变逐渐增大，极限压应变逐渐减小，曲线下降段越来越陡，延性越来越差。

（5）有明显屈服点的钢筋的应力 – 应变曲线见附图 1-2。曲线上有三个特征值：

①下屈服点 c 对应钢筋的屈服强度。热轧钢筋的应力到达屈服点后，会产生很大的塑性变形（流幅 cf），使钢筋混凝土构件出现很大的变形和过宽的裂缝，以致不能正常使用，因此，以屈服强度作为钢筋的强度限值；

②曲线最高点 d 对应钢筋的极限抗拉强度，反映了钢筋受拉时的极限承载力；

③曲线上 e 点对应的最大应变值即伸长率，反映了钢筋受拉时的塑性变形能力。

钢筋屈服强度与极限强度的比值称为屈强比，它代表钢筋的强度储备。屈强比越大，则屈服强度越接近极限强度，强度储备越少，因此此值不宜太大。国家标准规定热轧钢筋的屈强比应不大于 0.8。

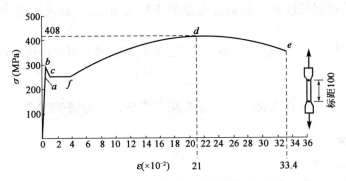

附图 1-2　有明显流幅的钢筋应力 – 应变曲线（尺寸单位：mm）

（6）钢筋混凝土结构对所采用钢筋的性能要求有：

①强度：要求钢筋有足够的强度和适宜的屈强比；

②塑性：要求钢筋应有足够的变形能力；

③可焊性：要求钢筋焊接后不产生裂缝和过大的变形，焊接接头性能良好；

④与混凝土的粘结力：要求钢筋与混凝土之间有足够的粘结力，以保证两者共同工作。

（7）影响粘结强度的因素有：

①混凝土强度等级。光圆钢筋及变形钢筋的粘结强度均随混凝土强度等级的提高而提高，但并不与立方体强度 f_{cu} 成正比。

②浇筑混凝土时钢筋所处的位置。处于水平位置的钢筋比竖向钢筋的粘结强度显著降低。

③截面上有多根钢筋并列一排时，钢筋之间的净距。净距不足将导致粘结强度显著降低。

④混凝土保护层厚度。若混凝土保护层太薄，容易发生沿纵筋的劈裂裂缝，使粘结强度显著降低。

⑤钢筋的表面粗糙度。带肋钢筋与混凝土的粘结强度比光圆钢筋大。

☆（8）混凝土的破坏是由于其内部微裂缝逐渐延伸和扩展所引起的，裂缝贯通后，混凝土的连续性遭到破坏，逐渐丧失其承载力。混凝土在三向受压时，其内部裂缝的发展和延伸受到抑制,混凝土的极限抗压强度有很大提高,混凝土还可以继续承载,直到混凝土产生很大的塑性变形,其内部产生剧烈的挤压流动而破坏。

在实际工程中可采取措施对混凝土施加三向压应力,比如采用密排螺距的螺旋箍筋或者钢管,可约束核心混凝土的膨胀,推迟内部裂缝的扩展,以提高混凝土的抗压强度。

☆(9)保证钢筋与混凝土粘结的构造措施主要有:

①对不同等级的混凝土和钢筋,要保证最小搭接长度和锚固长度;

②为了保证混凝土与钢筋之间有足够的粘结,必须满足钢筋最小间距和混凝土保护层最小厚度的要求;

③在钢筋的搭接接头内应加密箍筋;

④为了保证足够的粘结,在光圆钢筋端部应设置弯钩;

⑤对大深度混凝土构件应分层浇筑或二次浇捣;

⑥一般除了重锈钢筋外,可不必除锈。

☆(10)钢筋的锚固长度是使钢筋在屈服前不被拔出、从钢筋的不受力点所延伸的埋置长度。

确定钢筋锚固长度的原则是:钢筋屈服强度×钢筋横截面面积≤粘结强度×钢筋与混凝土的接触表面积。

第2章 结构按极限状态法设计计算的原则

1. 单项选择题

(1)~(5)题:ACABA

(6)~(10)题:CDDCD

2. 判断题

(1)~(5)题:×××××

(6)题:√

3. 填空题

(1)安全性 适用性 耐久性

(2)基本组合 偶然组合 地震组合 频遇组合 准永久组合

(3)可靠性 全部功能

(4)可靠 失效 极限状态

(5)承载能力极限状态 正常使用极限状态 "破坏-安全"极限状态

(6)应力计算 裂缝宽度验算 变形验算

(7)永久作用 可变作用 偶然作用 地震作用

(8)持久 短暂 偶然 地震

(9)C20 C25 C40

(10)标准值 组合值 准永久值 频遇值

4. 简答题

(1)整个结构或结构的一部分超过某一特定状态而不能满足设计规定的某一功能要求时,此特定状态称为该功能的极限状态。

结构的极限状态可分为两类:承载能力极限状态和正常使用极限状态。

(2)基本思路就是在结构设计时,全面引入了结构可靠性理论,把影响结构可靠性的各种因素均视为随机变量,以大量现场实测资料和试验数据为基础,运用统计数学的方法,寻求各变量的统计规律,确定结构的失效概率(或可靠度)来度量结构的可靠性。国际上,这种方法通常称为"可靠度设计法",而将其应用于结构的极限状态设计则称为"概率极限状态设计法"。

概率极限状态设计法分为三个水准:水准Ⅰ——半概率设计法,水准Ⅱ——近似概率设计法,水准Ⅲ——全概率设计法。

我国《公路桥规》采用的是近似概率设计法。

(3)在公路桥涵的设计中应考虑以下三种设计状况:

①持久状况:桥涵建成后承受自重、车辆荷载等持续时间很长的状况。该状况需要作承载能力极限状态和正常使用极限状态的设计。

②短暂状况:桥涵施工过程中承受临时性作用的状况。该状况主要作承载能力极限状态设计,必要时才作正常使用极限状态计算。

③偶然状况:在桥涵使用过程中偶然出现的状况。该状况仅作承载能力极限状态设计。

(4)作用的标准值是指结构或结构构件设计时,采用的各种作用的基本代表值。

可变作用的频遇值是指在设计基准期间,可变作用超越的总时间为规定的较小比率或超越次数为规定次数的作用,它是指结构上较频繁出现的且量值较大的荷载作用取值。

可变作用的准永久值是指在设计基准期间,可变作用超越的总时间约为设计基准期一半的作用值。

(5)材料强度标准值是由标准试件按标准试验方法经数理统计以概率分布的 0.05 分位值确定强度值,即取值原则是在符合规定质量的材料强度实测值的总体中。

材料强度的标准值应具有不小于 95% 的保证率。

(6)结构在规定的时间内,在规定的条件下,完成预定功能的能力称为结构的可靠性。

它包含安全性、适用性、耐久性三个功能要求。

结构安全等级是根据结构破坏时可能产生的后果严重与否来划分的。

(7)结构可靠性是指结构在规定的时间内,在规定的条件下,完成预定功能的能力。

结构的可靠度是指结构在规定的时间内,在规定的条件下,完成预定功能的概率。

(8)结构构件的抗力与构件的几何尺寸、配筋情况、混凝土和钢筋的强度等级等因素有关。

由于材料强度的离散性、构件截面尺寸的施工误差及简化计算时由于近似处理某些系数的误差,使得结构构件的抗力具有不确定的性质,所以抗力是一个随机变量。

(9)材料强度标准值是材料强度的一种特征值,也是设计结构或构件时采用的材料强度的基本代表值;材料强度的标准值是由标准试件按标准试验方法经数理统计以概率分布的 0.05 分位值确定的强度值,即取值原则是在符合规定质量的材料强度实测值的总体中,材料强度的标准值应具有不小于 95% 的保证率。

材料强度设计值是材料强度标准值除以材料性能分项系数后的值。

材料分项系数,根据不同材料,采用构件可靠度指标达到规定的目标可靠指标及工程经验校准来确定。

（10）结构能完成预定功能的概率称为结构可靠概率 P_r，不能完成预定功能的概率称为失效概率 P_f。

由于 P_f 计算麻烦，通常采用与 P_f 相对应的 β 值来计算失效概率的大小，β 称为结构的可靠指标。

它们具有一一对应的数量关系，可靠指标越高，失效概率越小。

（11）延性破坏是指结构构件有明显变形或其他预兆的破坏。

脆性破坏是指结构构件无明显变形或其他预兆的破坏。

延性破坏的目标可靠指标定得低些，脆性破坏的目标可靠指标定得高些。

第3章　受弯构件正截面承载力计算

1. 单项选择题

（1）～（5）题：CCDCC

（6）～（10）题：ADDCD

（11）～（15）题：BBCAB

（16）～（20）题：DDABC

（21）～（24）题：BDCC

2. 判断题

（1）～（5）题：√√×××

（6）～（10）题：×××√√

（11）～（15）题：××√×√

（16）～（20）题：√√√√√

（21）题：×

3. 填空题

（1）受力　分布　受力

（2）使受力钢筋的内力臂尽可能大

（3）焊接　预制　绑扎　现浇

（4）边缘　钢筋的公称直径　最外侧钢筋　保护钢筋不直接受到大气侵蚀和其他环境因素影响　保证钢筋和混凝土有良好的粘结

（5）纵向受力　12～32mm

（6）混凝土浇筑的密实性

（7）整体工作阶段（未开裂阶段）　裂缝即将出现　带裂缝工作阶段　纵向受拉钢筋屈服破坏阶段　受压区混凝土被压碎

（8）距受压边缘稍下处　混凝土具有弹塑性性质

（9）适筋梁　超筋梁　少筋梁　适筋梁破坏　超筋梁破坏和少筋梁破坏

（10）承载力没有显著变化的情况下构件耐受变形的能力　$\varphi_u-\varphi_y$　φ_u　φ_y

（11）平截面假定　不考虑混凝土的抗拉强度　借用材料应力应变物理关系

（12）减小截面尺寸　按最小配筋率配筋

（13）$M_u = f_{cd} b h_0^2 \xi_b (1 - 0.5 \xi_b)$　　增大截面尺寸　　提高混凝土强度等级

（14）相对界限受压区高度　界限　受压区　有效　适筋　超筋

（15）当 M_d 较大，出现 $\xi > \xi_b$ 而梁截面尺寸受限或混凝土强度又不宜提高时　　当梁截面承受异号弯矩时　封闭式　延性　长期荷载作用下构件的变形

（16）受压钢筋未能达到其抗压强度设计值　　$x = 2 a_s'$　　$M_u = f_{sd} A_s (h_0 - a_s')$

（17）翼板位于受压区的 T 形梁截面　　中性轴在翼板内（即 $x \leqslant h_f'$）　　中性轴进入梁肋内（即 $x > h_f'$）　　$\gamma_0 M_d \leqslant f_{cd} b_f' h_f' (h_0 - h_f'/2)$　　$f_{cd} b_f' h_f' \geqslant f_{sd} A_s$

4. 简答题

（1）单向板是指板面荷载只向一个方向传递的板。单边或两对边支承的板是单向板；两相邻边、三边、四边支承的板，当长短边之比 $l_2/l_1 \geqslant 2$ 时，可按单向板计算。

双向板是指板面荷载向两个相互垂直的方向传递的板。两相邻边、三边、四边支承的板，当长短边之比 $l_2/l_1 < 2$ 时，应按双向板计算。

单向板除了设置受力钢筋外，垂直于受力钢筋方向还应设置分布钢筋。分布钢筋的作用是可以使主钢筋受力更均匀，同时可以固定受力钢筋的位置，并能分担混凝土的温度和收缩应力。

分布钢筋应与受力钢筋方向垂直，布置在受力钢筋的内侧，以使受力钢筋的内力臂尽可能较大。

（2）板受力主筋布置如附图 3-1 所示。

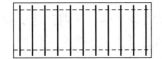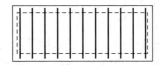

附图 3-1　板受力主筋布置图

☆（3）梁截面的大小都须经计算确定，并满足强度、整体稳定和刚度三个主要要求。初步估计时，已知梁的跨度，可先由梁的高跨比 h/l 选取梁的高度 h，再由梁的高宽比 h/b 选取梁的宽度 b。主梁的高跨比可取 $1/18 \sim 1/10$；次梁的高跨比可取 $1/18 \sim 1/12$；高宽比一般可取 $2 \sim 3$。

对于预制 T 形截面梁，高跨比可取 $1/16 \sim 1/11$，跨径较大时，取用偏小比值。梁肋宽度 b 可取 $160 \sim 180$mm。

☆（4）梁中纵向受力钢筋的布置原则可概括为：先两侧后中间、下粗上细、上下对齐、左右对称，同时还要满足混凝土保护层厚度及钢筋净距的要求。这样规定主要是为了降低钢筋群的合力作用点位置，使其内力臂尽可能大，抗弯能力强；同时也为了保证混凝土浇筑的密实性；另外还兼顾到施工方便。

☆（5）这种说法不对。因为混凝土开裂时的拉应变很小，相应的钢筋拉应变也很小，此时钢筋能发挥的作用不大，不能阻止混凝土开裂。混凝土一旦开裂，钢筋的应力增大，钢筋与混凝土之间的粘结力可以阻碍裂缝的继续扩展，则裂缝宽度较小。因此合理配置水平纵向钢筋可以减小梁侧面的收缩和温度裂缝宽度，有利于梁的耐久性能。

（6）适筋梁的 $F - w$ 曲线见附图 3-2。

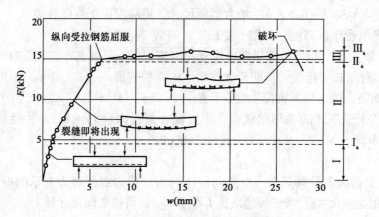

附图 3-2　适筋梁的 $F-w$ 曲线

根据 $F-w$ 曲线将梁的受力过程分为三个阶段：

第Ⅰ阶段——整体工作阶段

$F-w$ 曲线基本上呈直线，梁截面上应力很小，基本上呈三角形分布，梁近似处于弹性工作状态。

随着荷载增加，受拉区混凝土拉应力达到抗拉强度，受拉边缘混凝土应变增至极限拉应变，混凝土即将开裂，曲线出现第一个转折点，记为 I_a。

第Ⅱ阶段——带裂缝工作阶段

混凝土开裂后，受压区高度明显减小，中和轴明显上移。开裂截面受拉区混凝土退出工作，拉应力转卸给钢筋承担。开裂后，构件刚度降低，挠度增加的速度较快。

在第Ⅱ阶段，随着荷载增大，裂缝宽度也增大，开裂截面钢筋拉应力不断增大，直至钢筋屈服，曲线出现第二个转折点，记为 II_a。

第Ⅲ阶段——破坏阶段

钢筋屈服后，进入破坏阶段。此时裂缝迅速开展，中和轴迅速上移，刚度急剧下降，挠度明显增大，最后发展至受压区边缘混凝土达到极限压应变，混凝土被压坏，梁破坏。梁破坏时曲线出现第三个转折点，记为 III_a。

(7)平截面假定是指混凝土结构构件受力后沿正截面高度范围内混凝土与纵向受力钢筋的平均应变呈线形分布的假定。钢筋混凝土梁受拉区混凝土开裂后不再保持平面，但是如果量测应变的标距较长(跨越一条或几条裂缝)，则其平均应变还是能较好地符合平截面假定。这一假定是近似的，但是由此引起的误差不大，完全能满足工程计算的要求。

(8)受弯构件的正截面破坏形态有三种：适筋梁破坏、超筋梁破坏和少筋梁破坏。

①适筋梁破坏：破坏特点是受拉钢筋首先达到屈服，而后受压区边缘混凝土应变达到极限压应变，混凝土压碎而破坏。适筋梁破坏前，裂缝急剧开展，挠度较大，有明显的破坏预兆，属于塑性(延性)破坏。

②超筋梁破坏：破坏特点是梁截面受压区混凝土先压坏，而受拉钢筋尚未达到屈服。超筋梁破坏时，其裂缝宽度小，梁的挠度也小，无明显的破坏预兆，属于脆性破坏。

③少筋梁破坏：破坏特点是梁弯曲裂缝一出现，裂缝处受拉钢筋立即屈服，经历整个流幅

而进入强化阶段,梁仅出现一条集中裂缝,不仅裂缝宽度较大,且沿梁高延伸很高,截面受压区混凝土尚未被压碎,梁因裂缝过宽和变形过大而失去承载力。少筋梁破坏突然,无明显预兆,属于脆性破坏。

(9)适筋梁、超筋梁、少筋梁破坏时的裂缝分布图见附图3-3。

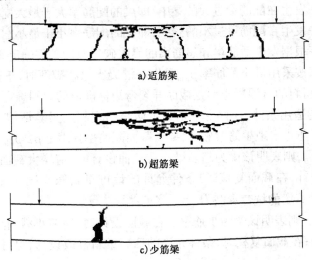

附图3-3　适筋梁、超筋梁、少筋梁破坏时的裂缝分布图

适筋梁破坏时裂缝条数多,裂缝分布得比较均匀,沿梁高延伸较高,混凝土受压区高度较小;

超筋梁破坏时裂缝沿梁高延伸不高,混凝土受压区高度很大;

少筋梁破坏时仅有一条裂缝,裂缝沿梁高延伸得又宽又高,混凝土只有很小或者没有受压区。

(10)适筋梁破坏、界限破坏和超筋梁破坏时截面上应变分布图见附图3-4。从图中可以看出,直线 2 表示发生界限破坏时的应变分布图,只要在直线 2 之上的应变图(直线 1)均满足 $x_c < \xi_b h_0$,表示会发生适筋梁破坏(此处不考虑少筋梁破坏);在直线 2 之下的应变图(直线 3)均满足 $x_c > \xi_b h_0$,表示会发生超筋梁破坏。

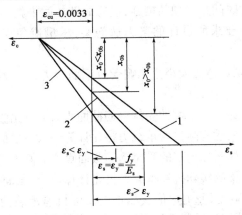

附图3-4　适筋梁破坏、界限破坏、超筋梁破坏时截面上应变分布图
1-适筋梁破坏;2-界限破坏;3-超筋梁破坏

（11）梁的配筋率定义为所配置的钢筋截面面积与规定的混凝土正截面面积的比值（以百分数表达）。

随配筋率的大小不同，梁的正截面可能发生三种破坏形态：

适筋梁破坏——发生在配筋量适中的梁中，即梁的配筋率在最大和最小配筋率之间；

超筋梁破坏——发生在配筋量过大的梁中，即梁的配筋率大于最大配筋率时；

少筋梁破坏——发生在配筋量过小的梁中，即梁的配筋率小于最小配筋率时。

梁的最大配筋率根据发生适筋梁和超筋梁的界限破坏时的条件确定。

梁的最小配筋率按采用最小配筋率 ρ_{min} 的钢筋混凝土梁在破坏时，正截面承载力 M_u 等于同样截面尺寸、同样材料的素混凝土梁正截面开裂弯矩标准值的原则确定。

（12）基本公式的适用条件有两个：一是为了防止出现超筋梁破坏，要求受压区高度 x 满足 $x \leqslant \xi_b h_0$；二是为了防止出现少筋梁破坏，要求截面配筋率 ρ 满足 $\rho \geqslant \rho_{min}$。

如果出现 $x > \xi_b h_0$，则表明该梁为超筋梁。在截面设计时，应增大截面尺寸或提高混凝土强度等级重新进行设计；在截面复核时，条件允许的话可重新修改设计，也可近似按 $M_{umax} = f_{cd} b h_0^2 \xi_b (1 - 0.5 \xi_b)$ 计算梁的抗弯承载力。

如果出现 $\rho < \rho_{min}$，则表明该梁为少筋梁。在截面设计时，应减小截面尺寸重新进行设计，或按最小配筋率配筋；在截面复核时，条件允许的话可重新修改设计，也可近似按素混凝土梁计算其抗弯承载力。

☆（13）因为超筋梁破坏时截面受压区混凝土先压坏，而受拉钢筋未达到屈服，即钢筋的强度没有得到充分利用，造成材料浪费。同时超筋梁破坏时裂缝宽度小，跨中挠度小，破坏前无明显预兆，其破坏后果较为严重。

少筋梁破坏时梁仅出现一条既宽且高的集中裂缝，裂缝处受拉钢筋立即屈服并进入强化阶段，受压区混凝土未被压碎，梁因裂缝过宽和变形过大而失去承载力。因此少筋梁的承载力很低，混凝土的抗压强度没有得到利用。同时少筋梁破坏突然，无明显预兆，其破坏后果很严重。

而适筋梁破坏时受拉钢筋首先达到屈服，而后受压区混凝土压碎，钢筋和混凝土的强度都得到了充分发挥。同时适筋梁破坏前，裂缝急剧开展，挠度较大，有明显的破坏预兆，属于塑性破坏，因此给了我们足够的时间采取预防措施，造成的破坏后果就不会那么严重。

综上所述，桥梁工程中要求所设计的梁为适筋梁，尽量避免采用超筋梁，不允许采用少筋梁。

☆（14）受拉钢筋截面重心 a_s 值的大小会影响受拉钢筋合力的内力臂大小，进而影响梁的抗弯承载力。

进行梁的配筋设计时，如实际选配的受拉钢筋截面重心 a_s 值比假设值小，则受拉钢筋的合力内力臂比设计计算值大，梁的实际抗弯承载力将比计算值大，截面安全。

进行梁的配筋设计时，如实际选配的受拉钢筋截面重心 a_s 值比假设值大，则受拉钢筋的合力内力臂比设计计算值小，梁的实际抗弯承载力将比计算值小，截面有可能不安全。此时应按实际选配的受拉钢筋截面面积及重心 a_s 值复核梁的实际抗弯承载力，验算其值是否大于等于设计弯矩。特别是按实际选配的受拉钢筋层数多于假设布置的层数时，a_s 值增大得比较多，对抗弯承载力的影响比较大，此时进行截面复核是很有必要的。

（15）受弯构件的延性是指在承载力没有显著变化的情况下，构件耐受变形的能力。受弯构件可采用指标$(\phi_u - \phi_y)$衡量其延性大小。受拉钢筋配筋率越大，则$(\phi_u - \phi_y)$越小，构件延性越差。

（16）当截面承受的弯矩组合设计值M_d较大，而梁截面尺寸受到使用条件限制或混凝土强度又不宜提高的情况下，又出现$\xi > \xi_b$而截面抗弯承载能力不足时，则应采用双筋截面梁。此外，当梁截面承受异号弯矩时，也应采用双筋截面梁。

双筋截面梁中由于加入了受压钢筋，可阻碍受压区混凝土的徐变，减小长期荷载作用下构件的变形。另外受压钢筋可协助混凝土受压，减小混凝土受压区高度，提高构件延性，对抗震有利。

（17）因为双筋梁破坏时受压钢筋的应力取决于它的应变ε_s'。ε_s'可由附图 3-5 中应变关系求出。

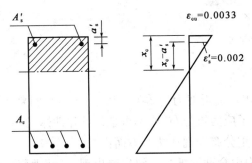

附图 3-5　双筋截面受压钢筋应变计算分析图

$$\frac{\varepsilon_s'}{\varepsilon_{cu}} = \frac{x_c - a_s'}{x_c} = \left(1 - \frac{a_s'}{x_c}\right) = \left(1 - \frac{0.8a_s'}{x}\right)$$

$$\varepsilon_s' = 0.0033\left(1 - \frac{0.8a_s'}{x}\right)$$

当$x = 2a_s'$时

$$\varepsilon_s' = 0.0033\left(1 - \frac{0.8a_s'}{2a_s'}\right) = 0.00198$$

对 HPB300 级钢筋，

$$\sigma_s' = \varepsilon_s' E_s' = 0.002 \times 2.1 \times 10^5 = 420\text{MPa} > f_{sd}'(\ = 250\text{MPa})$$

对 HRB400、HRBF400、RRB400 或 HRB500 级钢筋，

$$\sigma_s' = \varepsilon_s' E_s' = 0.002 \times 2 \times 10^5 = 400\text{MPa} \geqslant f_{sd}'(\ = 330\text{MPa 或 } 400\text{MPa})$$

由此可见，当$x = 2a_s'$时，普通钢筋均能达到屈服强度。当$x > 2a_s'$时，ε_s'将更大，钢筋也早已受压屈服。因此《公路桥规》规定，为了充分发挥受压钢筋的作用并确保其达到屈服强度，必须满足$x \geqslant 2a_s'$。

（18）T 形截面梁承受荷载作用产生弯曲变形时，受剪切应变影响，在翼板宽度方向上纵向压应力的分布是不均匀的，离梁肋越远，压应力越小。因此在设计计算中，为了便于计算，根据最大应力值不变及合力相等的等效受力原则，把与梁肋共同作用的翼板宽度限制在一定的范围内，称为受压翼板的有效宽度b_f'，在b_f'宽度范围内的翼板可以认为是全部参与工作，并假定其压应力是均匀分布的。

5. 计算题

略

第4章　受弯构件斜截面承载力计算

1. 单项选择题

（1）~（5）题:DDCBA

（6）~（10）题:BABCD

（11）~（15）题:ACCDB

（16）~（19）题:BDAC

2. 判断题

（1）~（5）题:× √ × × ×

（6）~（10）题:× × √ √ ×

（11）~（15）题:× × × √ √

3. 简答题

（1）无腹筋梁斜裂缝出现前近似为匀质弹性体梁,可以用材料力学方法分析其应力状态。斜裂缝出现后梁截面发生了应力重分布,梁不再是匀质弹性体,材料力学方法已不再适用。

斜裂缝出现后的应力重分布表现在两个方面:

①斜裂缝出现前,剪力由全截面抵抗。斜裂缝出现后,剪力仅由剪压区 AA' 抵抗,剪压区的面积远小于整个截面。所以,剪压区的剪应力 τ 显著增大;同时,剪压区的压应力 σ 也要增大。

②斜裂缝出现前（附图4-1）,截面 BB' 处的纵筋拉应力由截面 BB' 处弯矩 M_B 决定,其值较小。斜裂缝出现后,截面 BB' 处的纵筋拉应力由斜截面 BA' 顶端正截面处弯矩 M_A 决定。因 M_A 远大于 M_B,故纵筋拉应力显著增大。

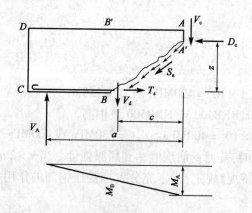

附图4-1　斜裂缝出现后的受力示意图

（2）梁斜截面剪切破坏形态主要有斜拉破坏、斜压破坏和剪压破坏三种。

①斜拉破坏。发生在剪跨比较大（$m>3$）且箍筋配置数量过少时。

在荷载作用下,梁的剪跨段出现弯剪斜裂缝,其中很快形成一条主要斜裂缝,并迅速延伸至荷载作用点,所配腹筋因太少而立即屈服,梁被斜向拉断成两部分,斜截面承载力随之丧失。同时沿纵向钢筋往往伴随产生水平撕裂裂缝。

梁发生斜拉破坏主要是由于主拉应力超过了混凝土的抗拉强度,因此梁的抗剪承载力很低,破坏荷载等于或略高于主要斜裂缝出现时的荷载。斜拉破坏发生突然,破坏前梁的变形很小,属脆性破坏。

②剪压破坏。大多发生在剪跨比 $m \geq 1$ 且箍筋配置的数量适当时。

在荷载作用下,在梁的剪弯区段内陆续出现几条斜裂缝,其中有一条发展成为临界斜裂缝。随着荷载继续增大,穿过临界斜裂缝的腹筋达到屈服,此后临界斜裂缝迅速向荷载垫板方向延伸,最后斜裂缝顶端混凝土在正应力和剪应力共同作用下被压酥而破坏。

斜裂缝出现后,原来由混凝土承受的拉力转由与斜裂缝相交的箍筋承受,由于箍筋的作用,延缓和限制了斜裂缝的开展和延伸。因此剪压破坏虽仍然属于脆性破坏,但其破坏过程比斜拉破坏缓慢,脆性程度有所缓和。

③斜压破坏。出现在剪跨比 $m < 1$ 的区段,或者腹筋配置过多的情况下。

斜压破坏特征是,在荷载作用点和支座之间出现一条斜裂缝,然后出现若干条大体相平行的斜裂缝,梁腹被分割成若干个倾斜的小柱体。随着荷载增大,梁腹发生类似混凝土棱柱体被压坏的情况,破坏时斜裂缝多而密,但没有主裂缝,腹筋达不到屈服。斜压破坏时梁的抗剪能力取决于构件的截面尺寸和混凝土强度。

斜压破坏发生时裂缝开展不宽,梁的变形不大,属于脆性破坏。

(3)剪跨比是一个无量纲常数,用 $m = M/Vh_0$ 来表示,此处 M 和 V 分别为剪弯区段中某个竖直截面的弯矩和剪力,h_0 为截面有效高度。剪跨比 m 实质上反映了梁截面上正应力 σ 与剪应力 τ 的相对比值。

剪跨比是影响受弯构件斜截面破坏形态和抗剪承载力的主要因素。随着剪跨比 m 的增大,破坏形态按斜压、剪压和斜拉的顺序演变,因而抗剪承载力逐步降低。当 $m > 3$ 后,抗剪承载力趋于稳定,剪跨比的影响不明显了。

(4)腹筋对提高梁的抗剪能力具有显著的、综合性的作用,主要为如下几方面。

①与斜裂缝相交的腹筋直接承担一部分剪力;

②腹筋能有效地阻止斜裂缝向上延伸,使斜裂缝顶端混凝土剪压区面积增大,从而提高了剪压区混凝土承受的剪力 V_c;

③减小斜裂缝的开展宽度,增大了斜截面上混凝土集料间的咬合力;

④限制了纵向钢筋的位移,增大了纵向钢筋的销栓作用;

⑤与斜裂缝相交的腹筋屈服后,由于钢筋的塑性变形性能好,使斜裂缝有一个充分发展的过程,减小了破坏的脆性;

⑥箍筋、纵筋、架立筋围箍了混凝土,有利于混凝土强度得到充分发挥。

因此,在钢筋混凝土梁中均要求配置腹筋。

(5)主要影响因素有:

①剪跨比 m

剪跨比 m 是影响受弯构件斜截面破坏形态和抗剪承载力的主要因素。

随着剪跨比 m 的加大,破坏形态按斜压、剪压和斜拉的顺序演变,而抗剪承载力逐步降低,当 $m>3$ 后,斜截面抗剪承载力趋于稳定。

②混凝土抗压强度 f_{cu}

混凝土的抗压强度对梁的抗剪承载力影响很大。根据试验结果,梁的抗剪承载力随混凝土抗压强度的提高而提高,抗剪承载力大致与 $\sqrt{f_{cu,k}}$ 成线性、上升关系。

这是因为,当梁发生斜压破坏时,抗剪承载力取决于混凝土的抗压强度。当梁发生斜拉破坏时,抗剪承载力取决于混凝土的抗拉强度。当梁发生剪压破坏时,抗剪承载力取决于混凝土的剪压复合强度。所以,无论发生哪种破坏,梁的抗剪承载力均与混凝土的强度正相关。

③纵向受拉钢筋配筋率

梁的抗剪承载力随纵向受拉钢筋配筋率 ρ 的提高而增大,两者大体上成直线关系。一方面,纵向受拉钢筋能抑制斜裂缝的开展和延伸,使斜裂缝顶端混凝土剪压区面积增大,从而提高了剪压区混凝土承受的剪力 V_c。另一方面,随着纵向钢筋数量的增加,其销栓作用随之增大。

④配箍率和箍筋强度

试验表明,当其他条件相同时,配箍率和箍筋抗拉强度的乘积与梁的抗剪承载力大致成线性关系。

有腹筋梁出现斜裂缝后,箍筋不仅直接承担相当部分剪力,而且能有效地抑制斜裂缝的开展和延伸,对提高剪压区混凝土的抗剪承载力和纵筋的销栓作用都有着积极的影响。

(6)钢筋混凝土梁沿斜截面的主要破坏形态有斜压破坏、斜拉破坏和剪压破坏。在设计时,对于常见的剪压破坏形态,梁的斜截面抗剪能力变化幅度较大,必须进行斜截面抗剪承载力的计算。《公路桥规》中梁的斜截面抗剪承载力计算公式就是根据剪压破坏形态发生时的受力特征和试验资料而制定的,只适用于剪压破坏形态。对于斜压和斜拉破坏,一般是采用截面限制条件和一定的构造措施予以避免,由此规定了计算公式的适用条件,即公式的上、下限值。

计算公式的上限值对应截面最小尺寸的限制条件,即在箍筋能够达到屈服的前提下梁能承受的最大剪力,因此这一限制是为了避免梁发生斜压破坏,同时也为了防止梁特别是薄腹梁在使用阶段斜裂缝开展过大。若设计剪力超过了公式的上限值,则应加大截面尺寸或提高混凝土强度等级。

计算公式的下限值对应于按构造要求配置箍筋的限制条件。它是指当设计剪力小于公式的下限值时,从理论上讲无需配置箍筋。但梁中若不配置箍筋,则可能发生斜拉破坏。因此为了避免发生斜拉破坏,需要按构造要求(最小配箍率)配置箍筋。《公路桥规》规定,若设计剪力小于计算公式的下限值,则不需进行斜截面抗剪承载力的计算,而仅按构造要求配置箍筋;若设计剪力大于公式的下限值,则需按计算配置箍筋。

(7)梁的设计弯矩图(弯矩包络图)是沿梁长度各截面上弯矩设计值 M_d 的分布图,其纵坐标表示该截面上作用的最大设计弯矩。梁的抵抗弯矩图是沿梁长各个正截面按实际配置的总受拉钢筋面积能产生的抵抗弯矩图,即表示梁各正截面所具有的抗弯承载力。

当抵抗弯矩图外包住了设计弯矩图,则表示梁的任一正截面上的抵抗弯矩均大于其设计弯矩,梁的正截面抗弯承载力得到了保证。反之,任何位置抵抗弯矩图切入了设计弯矩图,则意味着梁的正截面抗弯承载力不足,需要修改设计。

(8)在钢筋混凝土梁的设计中,必须同时考虑斜截面抗剪承载力、正截面和斜截面的抗弯承载力,以保证梁段中任一截面都不会出现正截面和斜截面破坏。因此纵筋弯起时也必须兼顾以上几个方面,具体要求如下。

①保证正截面抗弯承载力,要求按纵筋弯起后绘出的抵抗弯矩图不切入弯矩包络图;

②保证斜截面抗剪承载力,纵筋弯起后应对梁进行斜截面抗剪承载力复核,同时还应满足《公路桥规》规定的关于弯起钢筋的构造要求;

③保证斜截面抗弯承载力,要求纵筋弯起点至其充分利用点的距离不小于 $0.5h_0$。

(9)钢筋混凝土梁内纵向受拉钢筋不宜在受拉区截断,因为当某根纵筋在其理论切断点处切断后,该处混凝土所承受的拉应力突增,往往会过早出现斜裂缝,如果此处钢筋的锚固不足,甚至可能降低梁的承载力。若梁中纵向受拉钢筋较多,多余的纵向受拉钢筋可以在梁段中适当位置截断。但为了避免出现上述问题,纵筋的实际截断点应从按正截面抗弯承载力计算充分利用该钢筋强度的截面(充分利用点)至少延伸($l_a + h_0$)长度,l_a 为受拉钢筋最小锚固长度;同时应考虑从不需要该钢筋的截面(理论切断点)至少延伸 $20d$(d 为钢筋直径,环氧树脂涂层钢筋取 $25d$)。

☆(10)可以从如下几方面修改设计。

①将设计剪力中分配给弯起钢筋承担的那部分剪力比例降低;

②增设斜筋协助弯起钢筋抗剪;

③在正截面抗弯配筋设计中修改纵向受拉钢筋的根数和直径。

☆(11)伸臂梁中纵向受拉钢筋和弯起钢筋的布置方位如附图 4-2 所示。

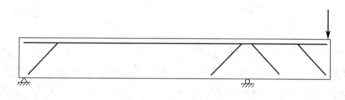

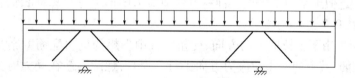

附图 4-2　伸臂梁中纵向受拉钢筋和弯起钢筋的布置方位

☆(12)略

4.计算题

略

第 5 章　受扭构件承载力计算

1.单项选择题

(1)~(5)题:DDCBB

2. 判断题

(1) ~ (5)题: × √ × × √

(6) ~ (10)题: √ × × × ×

(11) ~ (15)题: √ √ × √ √

(16)题: √

3. 填空题

(1)理想塑性材料　匀质弹性材料

(2)与构件纵轴成45°角布置螺旋箍筋　主拉应力方向　抗扭纵筋和抗扭箍筋形成的空间骨架　截面周边

(3)少筋破坏　适筋破坏　超筋破坏　部分超筋破坏　适筋破坏

(4)抗扭纵筋和抗扭箍筋的体积比　$0.6 \leqslant \zeta \leqslant 1.7$　$1.0 \sim 1.2$

(5)变角度空间桁架模型　斜弯曲破坏理论　核心混凝土的抗扭能力　相同

(6)分别小于单独受剪和受扭时相应的承载力　剪扭构件混凝土抗扭承载力降低系数β_{t}

(7)抗扭塑性抵抗矩

(8)抗弯　抗扭　抗剪　抗扭

(9)$t_2/b \geqslant 1/4$ 或 $t_1/h \geqslant 1/4$　$1/10 \leqslant t_2/b < 1/4$ 或 $1/10 \leqslant t_1/h < 1/4$　有所降低　有效壁厚折减系数 β_{a}

(10)300mm　8mm　4根　四个角隅　足够的锚固长度　闭合　135°弯钩　混凝土核心　10倍箍筋直径

4. 简答题

(1)钢筋混凝土纯扭构件开裂前钢筋中的应力很小,钢筋对开裂扭矩的影响不大,因此,可以忽略钢筋对开裂扭矩的影响,将构件作为纯混凝土受扭构件来处理开裂扭矩的问题。而混凝土既非弹性材料,又非理想塑性材料,属介于二者之间的弹塑性,单纯采用其中一种计算图式将会低估或高估构件的抗扭开裂能力。因此,《公路桥规》对于矩形截面钢筋混凝土受扭构件的开裂扭矩,近似地采用了理想塑性材料的剪应力图形进行计算,同时通过试验研究后,乘以一个折减系数0.7进行调整。

(2)根据扭矩作用下主拉应力的方向,受扭构件中理想的抗扭配筋方案是与构件纵轴成45°角布置螺旋箍筋,其方向与主拉应力方向平行。但是,螺旋箍筋在受力时只能适应一个方向的扭矩,在桥梁工程中,由于车辆荷载作用下扭矩的方向可能不断改变,此时螺旋箍筋也必须相应地改变方向,这在构造上是很难做到的。因此实际工程中通常都采用由箍筋和纵向钢筋组成的空间骨架来承担扭矩,并尽可能地在保证必要的混凝土保护层厚度下,沿截面周边布置钢筋以增强构件的抗扭能力。

在抗扭钢筋骨架中,箍筋的作用是直接抵抗受扭构件的主拉应力,限制裂缝的发展;纵筋用来平衡构件中的纵向分力,且在斜裂缝处纵筋可产生销栓作用,抵抗部分扭矩并可抑制斜裂缝的开展。

(3)钢筋混凝土受扭构件的破坏形态主要有少筋破坏、适筋破坏、超筋破坏和部分超筋破坏四种。其破坏特点如下。

①少筋破坏,当抗扭钢筋用量过少时,构件受扭开裂后,由于钢筋没有足够的能力承受混

凝土开裂后卸载给它的那部分扭矩,因而构件立即破坏。其破坏性质与素混凝土构件一样,属脆性破坏。

②适筋破坏。在正常配筋的条件下,随着外扭矩的不断增加,抗扭纵筋和箍筋首先达到屈服强度,然后主裂缝迅速开展,最后促使混凝土受压面被压坏,构件破坏。这种破坏是有预兆的延性破坏,与受弯构件中适筋梁类似。

③超筋破坏。当抗扭钢筋配置过多或混凝土强度过低时,随着外扭矩的增加,构件混凝土先被压碎,导致构件破坏,而此时抗扭纵筋和箍筋均未达到屈服。这种破坏与受弯构件中超筋梁类似,属于脆性破坏,又称完全超筋破坏。由于其破坏的不可预见性,设计时应避免采用这种完全超筋破坏构件。

④部分超筋破坏。当抗扭纵筋或箍筋中的一种配置过多时,构件破坏时只有部分抗扭纵筋或箍筋屈服,而另一部分抗扭钢筋(纵筋或箍筋)尚未达到屈服。这种破坏具有一定的脆性。

(4)由于抗扭钢筋由纵筋和箍筋组成,因此纵筋的数量、强度和箍筋的数量、强度之间的比值大小对抗扭承载力有一定影响。当箍筋用量相对较少时,构件抗扭承载力就由箍筋控制,这时再增加纵筋也不能起到提高抗扭承载力的作用。反之,当纵筋用量较少时,增加箍筋也将不能充分发挥作用。因此在抗扭承载力计算中引入配筋强度比 ζ,ζ 用纵筋和箍筋的体积比来表示。

试验表明,当 $0.6 \leqslant \zeta \leqslant 1.7$ 时,由于纵筋和箍筋间的内力重分布,受扭构件中的纵筋和箍筋基本上都能达到屈服。设计时可取 $\zeta = 1.0 \sim 1.2$。

(5)《公路桥规》中矩形截面构件抗扭承载力计算公式是基于变角度空间桁架的计算模型,并通过受扭构件的室内试验且使总的抗扭能力取试验数据的偏下值得到。

在应用该公式进行设计时,为了使所设计的受扭构件为适筋构件,必须满足《公路桥规》提出的如下限制条件。

计算公式的上限规定了受扭构件的截面尺寸要求。若扭矩设计值大于上限,则受扭构件中需要配置过多的抗扭钢筋,但在混凝土被压碎前抗扭钢筋达不到屈服,构件将发生超筋破坏,此时应增大截面尺寸或提高混凝土强度等级。

当抗扭钢筋配置过少或过稀时,构件将发生少筋破坏。因此当扭矩设计值小于下限时,可不进行抗扭承载力计算,但是为了避免受扭构件发生少筋破坏,必须按构造要求(最小配筋率)配置抗扭钢筋。

同时,为了避免发生部分超筋破坏,还需要满足配筋强度比 $0.6 \leqslant \zeta \leqslant 1.7$ 的条件。

☆(6)试验表明,构件在剪、扭共同作用下,截面的某一受压区内承受剪切和扭转应力的双重作用,降低了构件混凝土的抗剪和抗扭能力,使其分别小于单独受剪和受扭时相应的承载力。因而在剪扭构件承载力计算公式中引入剪扭构件混凝土抗扭承载力降低系数 β_t,其取值范围是 $0.5 \leqslant \beta_t \leqslant 1.0$。

(7)在弯矩、剪力和扭矩共同作用下,钢筋混凝土构件的受力状态十分复杂,故很难提出符合实际而又便于设计应用的理论计算公式。在弯矩、剪力、扭矩共同作用下,钢筋混凝土构件的配筋计算,目前多采用简化计算方法,即先按构件"单独"承受弯矩、剪力和扭矩的要求分别进行配筋计算,然后再把这些配筋叠加完成截面设计。

进行弯剪扭构件配筋计算时,纵筋和箍筋应按下列规定配置。

①按受弯构件正截面承载力计算所需的抗弯纵向钢筋截面面积,配置在受拉区边缘。

②按剪扭构件计算纵向钢筋和箍筋。

由抗扭承载力计算公式计算所需的纵向抗扭钢筋面积,并将钢筋均匀、对称布置在矩形截面的周边,在矩形截面的四角必须配置纵向钢筋。

箍筋为按抗剪和抗扭承载力计算所需的截面面积之和进行布置。箍筋最小配筋率不应小于剪扭构件的箍筋最小配筋率。

纵向受力钢筋配筋率不应小于受弯构件纵向受力钢筋最小配筋率与受剪扭构件纵向受力钢筋最小配筋率之和。

配置在截面弯曲受拉边的纵向受力钢筋,其截面面积不应小于按受弯构件受拉钢筋最小配筋率计算出的面积与按受扭纵向钢筋最小配筋计算并分配到弯曲受拉边的面积之和。

☆(8)①纵向受拉钢筋:受弯构件中,纵向受拉钢筋布置在截面的受拉边,其间距应满足净距 S_n 的要求,直径不宜小于12mm(梁式受弯构件);受扭构件中,抗扭纵筋应均匀、对称布置在截面周边,在矩形截面的四角必须配置,其间距不宜大于300mm,直径不应小于8mm。

②箍筋:受扭构件中的抗扭箍筋与受弯构件中抗剪箍筋对直径、间距的要求相同,不同之处在于,抗扭箍筋必须做成封闭式,并且应将箍筋在角端用135°弯钩锚固在混凝土核心内,锚固长度约等于10倍的箍筋直径。

另外,由若干个矩形截面组成的T形、L形、工字形等复杂截面的受扭构件,必须将各个矩形截面的抗扭钢筋配成笼状骨架,且使复杂截面内各个矩形单元部分的抗扭钢筋互相交错地牢固联成整体。

③在保证必要的保护层的前提下,抗扭箍筋与纵筋均应尽可能地布置在构件周边的表面处,以增大抗扭效果。抗扭纵筋必须布置在箍筋的内侧,靠箍筋来限制其外鼓。架立钢筋和梁肋两侧纵向抗裂分布筋若有可靠的锚固,也可以当抗扭钢筋。

5. 计算题

略

第6章　轴心受压构件的正截面承载力计算

1. 单项选择题

(1)~(5)题:BDADC

(6)~(10)题:ACADC

2. 判断题

(1)~(5)题:×√√××

(6)~(7)题:××

3. 填空题

(1)普通箍筋柱　螺旋箍筋柱

(2)防止纵向钢筋局部压屈,并与纵向钢筋形成钢筋骨架,便于施工。

(3)强度　延性

(4)短柱　长柱

（5）失稳破坏

（6）长细比

4. 简答题

（1）在钢筋混凝土轴心受压构件中，箍筋的作用是固定纵向受力钢筋位置，与纵筋形成钢筋骨架，阻止纵筋弯凸，保证纵向钢筋与混凝土共同受力直至破坏。

（2）螺旋箍筋可以约束混凝土的横向变形，从而间接提高了混凝土的纵向抗压强度。

（3）纵向受力钢筋一般采用 HRB400 级和 RRB400 级，不宜采用高强度钢筋，因为与混凝土共同受压时，不能充分发挥其高强度的作用。混凝土破坏时的压应变系数为 0.002，此时相应的纵筋应力值 $\sigma'_s = E_s \varepsilon'_s = 200 \times 10^3 \times 0.002 = 400 \text{ N/mm}^2$；对于 HRB400 级、HPB300 级和 RRB400 级热轧钢筋已达到屈服强度，对于 IV 级和热处理钢筋在计算 f'_y 值时只能取 400 N/mm²。

（4）纵向受力钢筋的作用：

①与混凝土共同承受压力，提高构件与截面受压承载力；

②提高构件的变形能力，改善受压破坏的脆性；

③承受可能产生的偏心弯矩、混凝土收缩及温度变化引起的拉应力；

④减少混凝土的徐变变形。

横向箍筋的作用：

①防止纵向钢筋受力后压屈和固定纵向钢筋位置；

②改善构件破坏的脆性；

③当采用密排箍筋时还能约束核心内混凝土，提高其极限变形值。

（5）当柱子在荷载长期持续作用下，使混凝土发生徐变而引起应力重分布。此时，如果构件在持续荷载过程中突然卸载，则混凝土只能恢复其全部压缩变形中的弹性变形部分，其徐变变形大部分不能恢复，而钢筋将能恢复其全部压缩变形，这就引起二者之间变形的差异。当构件中纵向钢筋的配筋率越高，混凝土的徐变较大时，二者变形的差异也越大。此时由于钢筋的弹性恢复，有可能使混凝土内的应力达到抗拉强度而立即断裂，产生脆性破坏。

（6）凡属于下列条件的，不能按螺旋箍筋柱正截面受压承载力计算：当 $l_0/b > 12$ 时，此时因长细比较大，有可能因纵向弯曲引起螺旋箍筋不起作用；如果因混凝土保护层退出工作引起构件承载力降低的幅度大于因核心混凝土强度提高而使构件承载力增加的幅度，当间接钢筋换算截面面积 A_{ss0} 小于纵筋全部截面面积的 25% 时，可以认为间接钢筋配置得过少，套箍作用的效果不明显。

（7）按照构件的长细比不同，轴心受压构件可分为短柱和长柱两种，它们受力后的侧向变形和破坏形态各不相同。

①短柱：当轴向力 P 逐渐增加时，柱混凝土全截面和纵向钢筋均发生压缩变形。

当轴向力 P 达到破坏荷载的 90% 左右时，柱中部四周混凝土表面出现纵向裂缝，部分混凝土保护层剥落，最后是箍筋间的纵向钢筋发生屈曲，向外鼓出，混凝土被压碎而整个柱被破坏。钢筋混凝土短柱的破坏是一种材料破坏，即混凝土压碎破坏。

②长柱：长柱在压力 P 不大时，也是全截面受压，但随着压力增大，长柱不仅发生压缩变形，同时长柱中部产生较大的横向挠度 u，凹侧压应力较大，凸侧较小。在长柱破坏前，横向挠

度增加得很快,使长柱的破坏来得比较突然,导致失稳破坏。破坏时,凹侧的混凝土首先被压碎,有混凝土表面纵向裂缝,纵向钢筋被压弯而向外鼓出,混凝土保护层脱落;凸侧则由受压突然转变为受拉,出现横向裂缝。

由大量试验可知,短柱总是受压破坏,长柱则是失稳破坏;长柱的承载力要小于相同截面、配筋、材料的短柱承载力。

5. 计算题

略

第7章　偏心受压构件的正截面承载力设计

1. 单项选择题

(1)~(5)题:AADBC

(6)~(10)题:AAACA

2. 判断题

(1)~(5)题:√√√√×

(6)~(9)题:√××√

3. 填空题

(1)受拉钢筋首先达到屈服强度,之后受压区混凝土被压碎　大偏心受压破坏　受压区混凝土压碎,A_s 或者受拉,但不屈服,或者受压,可能屈服也可能不屈服　小偏心受压破坏

(2)小　大

(3)受拉钢筋达到屈服　受压钢筋达到屈服

(4)纵向弯曲　轴心　稳定系数

(5)抗弯能力

(6)短柱　长柱　细长柱

(7)材料破坏　二阶弯矩

(8)受压区混凝土压碎

4. 简答题

(1)$\xi \leqslant \xi_b$,大偏心受压破坏;$\xi > \xi_b$,小偏心受压破坏。

大偏心受压破坏:破坏始自于远端钢筋的受拉屈服,然后近端混凝土受压破坏;小偏心受压破坏:构件破坏时,混凝土受压破坏,但远端的钢筋并未屈服。

(2)①短柱和长柱偏心受压的本质区别:长柱偏心受压后产生不可忽略的纵向弯曲,引起二阶弯矩。

②偏心距增大系数的物理意义是,考虑长柱偏心受压后产生的二阶弯矩对受压承载力的影响。

(3)偏心距增大系数与构件的计算长度、偏心距、截面的有效高度、截面高度、荷载偏心率对截面曲率的影响系数、构件长细比对截面曲率的影响系数有关。

5. 计算题

略

第8章 受拉构件的承载力计算

1. 单项选择题

（1）~（5）题：DACBB

（6）~（9）题：BBAB

2. 判断题

（1）~（5）题：√√√√×

（6）~（9）题：√×√×

3. 填空题

（1）小偏心受拉 大偏心受拉

（2）轴拉 钢筋 受弯 大偏压 受压区

（3）轴向拉力 N

（4）正截面承载能力 抗剪 抗裂度 裂缝宽度

（5）对称配筋 非对称配筋

（6）轴心受拉 偏心受拉

（7）$e > \dfrac{h}{2-a_s}$ $e < \dfrac{h}{2-a_s}$

（8）受拉 钢筋

（9）受压区 大偏心受拉

4. 简答题

（1）根据受拉构件偏心距的大小，并以轴向拉力的作用点在截面两侧纵向钢筋之间或在纵向钢筋之外作为区分界限，即：

当轴向拉力 N 在纵向钢筋 A_s 合力点及 A_s' 合力点范围以外时为大偏心受拉构件；当轴向拉力 N 在纵向钢筋 A_s 合力点及 A_s' 合力点范围以内时为小偏心受拉构件。

大偏心受拉构件的受力特点是：当拉力增大到一定程度时，受拉钢筋首先达到抗拉屈服强度，随着受拉钢筋塑性变形的增长，受压区面积逐步缩小，最后构件由于受压区混凝土达到极限压应变而破坏，其破坏形态与小偏心受压构件相似。

小偏心受拉构件的受力特点是：混凝土开裂后，裂缝贯穿整个截面，全部轴向拉力由纵向钢筋承担。当纵向钢筋达到屈服强度时，截面即达到极限状态。

（2）大偏心受拉构件的正截面破坏特征和受弯构件相同，钢筋先达到屈服强度，然后混凝土受压破坏；两者均符合平均应变的平截面假定，所以 x_b 取值与受弯构件相同。

（3）偏心受拉构件正截面承载力计算不需要考虑纵向弯曲的影响。这是因为，此时拉力趋向于使构件拉得更直，而不是像压弯构件那样压力使挠曲更大。所以为简化计算，规范不考虑这种有利影响。

（4）取 $x = 2a_s'$，对混凝土受压区合力点（即受压钢筋合力点）取矩，

$$A_s = \frac{Ne'}{f_y(h_0 - a_s')}, A_s' = \rho_{min}'bh$$

第9章　钢筋混凝土受弯构件的应力、裂缝和变形验算

1. 单项选择题

（1）～（5）题：CADAC

（6）～（10）题：DCCDB

（11）～（13）题：DBB

2. 判断题

（1）～（5）题：√√×√√

（6）～（10）题：√×××√

（11）～（15）题：√××√×

（16）～（19）题：√√×√

3. 简答题

（1）钢筋混凝土构件除要求进行持久状况承载能力极限状态计算外，还要进行持久状况正常使用极限状态的计算，包括使用阶段的变形和最大裂缝宽度验算。在桥梁工程中，钢筋混凝土受弯构件通常是带裂缝工作的，因此采用受弯构件处于第Ⅱ工作阶段时的受力状态进行验算。

钢筋混凝土受弯构件的第Ⅱ工作阶段可称为开裂后弹性阶段，其特征是：

①弯曲竖向裂缝已形成并开展，截面中和轴以下大部分混凝土已退出工作；

②截面开裂区由纵向受力钢筋承受拉力，钢筋应力 σ_s 还远小于其屈服强度，受压区混凝土的压应力图形大致是抛物线形。

③受弯构件的荷载－挠度（跨中）关系曲线是一条接近于直线的曲线。

（2）将钢筋和混凝土两种材料组成的截面，换算成一种拉压性能相同的假想材料组成的匀质弹性截面，称为换算截面，换算之后的截面就能采用材料力学公式进行计算。

进行截面换算时采用了三个基本假定：

①平截面假定。即认为梁的正截面在梁受力并发生弯曲变形以后，仍保持为平面。

②弹性体假定。钢筋混凝土受弯构件截面混凝土受压区的应力分布图形可近似地看作直线分布，即受压区混凝土的应力与平均应变成正比。

③受拉区混凝土不承受拉应力，拉应力完全由钢筋承受。

（3）在截面及其材料满足平截面假定和弹性体假定的前提下，可以推导出钢筋的应力 σ_s 和距中性轴同一高度处混凝土应力 σ_c 之间的关系。

根据平截面假定，可得到　　$\varepsilon_s = \varepsilon_c$

根据弹性体假定，可得到　　$\sigma_s = E_s \varepsilon_s, \sigma_c = E_c \varepsilon_c$

因此，钢筋的应力　　$\sigma_s = E_s \varepsilon_s = E_s \varepsilon_c = E_s \dfrac{\sigma_c}{E_c} = \alpha_{E_s} \sigma_c$

即得出结论：钢筋的应力是距中性轴同一高度处混凝土应力的 α_{E_s} 倍。只要满足上述两个前提条件，这一结论均成立，因而在后续预应力混凝土篇中也采用了这一结论。

上述关系式中，系数 α_{E_s} 称为钢筋混凝土构件截面的换算系数，等于钢筋弹性模量与混凝土弹性模量的比值，$\alpha_{E_s} = E_s / E_c$。

（4）对于钢筋混凝土受弯构件，《公路桥规》要求进行施工阶段的应力计算，即短暂荷载状况

的应力验算。短暂状况的构件应力计算内容是桥涵施工阶段构件的混凝土和钢筋的应力验算。

短暂状况应力验算时有如下特点。

①采用结构弹性理论。对于受弯构件,可按第Ⅱ工作阶段进行应力计算;

②考虑到施工阶段构件的支承条件、受力图式经常可能发生变化,应取各实际受力图式中最不利截面进行应力验算;

③施工荷载除有特别规定外均采用标准值,当有荷载组合时不考虑荷载组合系数;

④构件在吊装时,构件重力应乘以动力系数 1.2 或 0.85,并可视构件具体情况适当增减;

⑤当用吊机(吊车)行驶于桥梁进行安装时,应对已安装的构件进行验算,吊机(车)应乘以 1.15 的荷载系数,但吊机(车)产生的效应设计值小于按持久状况承载能力极限状态计算的荷载效应设计值时,则可不必验算。

(5)钢筋混凝土结构的裂缝,按其产生的原因可分为以下几类。

①作用效应(弯矩、剪力、扭矩及拉力等)引起的裂缝;

②由外加变形(地基的不均匀沉降、混凝土收缩及温差变形等)或约束变形引起的裂缝;

③钢筋锈蚀引起的裂缝。

(6)根据试验结果分析,影响钢筋混凝土构件混凝土裂缝宽度的主要因素有:受拉纵筋应力 σ_{ss}、受拉纵筋直径 d、受拉纵筋配筋率 ρ、受拉纵筋的保护层厚度 c、钢筋外形、荷载作用性质(短期、长期、重复作用)、构件受力性质(受弯、受拉、偏心受拉等)。

☆(7)根据粘结滑移理论,裂缝控制主要取决于钢筋和混凝土之间的粘结性能。混凝土裂缝出现后,钢筋与混凝土之间的粘结应力阻碍裂缝的扩展,粘结应力越大,则裂缝平均间距越小,裂缝条数越多,裂缝越细。因为两根试验梁其他条件均相同,出现了不同的裂缝分布情况,说明两根梁中的粘结应力不同。混凝土浇筑密实、施工质量较好的梁,钢筋和混凝土之间的粘结性能较好,则裂缝条数多、裂缝宽度较小。

☆(8)当钢筋混凝土构件的最大裂缝宽度超过裂缝宽度限值时,可采取措施包括:改用较细直径钢筋、采用带肋钢筋、增大钢筋用量、增加截面高度等。

而最根本、最彻底的解决方法是采用预应力混凝土。

(9)对于匀质弹性体梁,其抗弯刚度为 EI,当截面和材料确定后,抗弯刚度就是常数。

钢筋混凝土梁中混凝土开裂后,裂缝截面受拉区混凝土退出工作,截面刚度下降。因此带裂缝的受弯构件为一根不等刚度的构件,裂缝截面处刚度小,两裂缝间截面刚度大。同时随着时间推移,由于受压区混凝土徐变、混凝土与钢筋的粘结退化、混凝土弹性模量下降等原因,钢筋混凝土受弯构件的长期刚度 B 还将降低。

(10)在荷载的长期作用下,混凝土的变形将随时间而增加,亦即在应力不变的情况下,混凝土的应变随时间继续增长,这种现象被称为混凝土的徐变。混凝土徐变对钢筋混凝土构件的影响有:

①使构件的长期变形增加;

②在构件截面中引起应力重分布;

③使超静定结构产生内力重分布;

④在预应力混凝土结构中引起预应力损失。

在混凝土凝结和硬化的物理化学过程中,混凝土的体积随时间推移而减小的现象称为混凝土收缩。无论混凝土是否受力,收缩都在不断产生。混凝土的收缩变形在受到外部或内部(钢筋)约束时,将使混凝土产生拉应力;当收缩变形较大时,会导致混凝土开裂,出现收缩裂缝。

(11)混凝土结构耐久性是指混凝土结构在设计确定的环境作用和维修、使用条件下,应能满足在设计使用年限内保持其适用性和安全性,即具有足够的耐久性。

混凝土结构耐久性设计包含下列内容:

①确定结构和构件的设计使用年限;

②确定结构和构件所处的环境类别及其作用等级;

③提出原材料、混凝土和水泥基灌浆材料的性能和耐久性控制指标;

④采取有利于减轻环境作用的结构形式、布置和构造措施;

⑤对于严重腐蚀环境条件下的混凝土结构,除了对混凝土本身提出相关的耐久性要求外,还应进一步采取必要的防腐蚀附加措施。

4. 计算题

略

第10章 局部承压

1. 单项选择题

(1)~(5)题:√ × √ × √

(6)~(10)题:√ × √ √ √

2. 简答题

(1)试验研究表明,局部承压试件的抗压强度远高于同样承压面积的全截面受压试件。这主要是因为试验机钢垫板下直接受压部分混凝土的横向变形,不仅受到钢垫板与试件表面之间摩擦力的约束,更主要的是受试件外围混凝土的约束。中间(直接受压)部分混凝土纵向受压产生的横向变形,使其外围混凝土受拉,而外围混凝土的反作用力使中间部分混凝土侧向受压,限制了纵向裂缝的开展,因而使其强度有很大提高。

(2)与全面积受压相比,混凝土构件局部承压有以下特点。

①构件表面受压面积小于构件截面积;

②局部承压面积部分的混凝土抗压强度,比全面积受压时混凝土抗压强度高;

③在局部承压区的中部有横向拉应力 σ_x,这种横向拉应力可使混凝土产生裂缝。

(3)①套箍理论 把局部承压区的混凝土看作是承受侧压力作用的混凝土芯块。当局部荷载作用增大时,受挤压的混凝土芯块向外膨胀,其周围的混凝土起着套箍作用而阻止其横向膨胀,使受到挤压的混凝土处于三向受压状态,提高了混凝土芯块的抗压强度。当周围混凝土的环向拉应力达到其抗拉强度时,试件即破坏。

②剪切理论 在局部荷载作用下,局部承压区混凝土的受力类似一个带多根拉杆的拱,靠近承压板下面的混凝土,亦即位于拉杆部位的混凝土承受横向拉力。当局部承压荷载达到开裂荷载时,部分拉杆由于局部承压区中横向拉应力大于混凝土极限抗拉强度而断裂,从而产生了局部纵向裂缝,但此时尚未形成破坏机构。随着荷载继续增加,更多的拉杆被拉断,裂缝进一步增多和延伸,内力进一步重分配。当荷载达到破坏荷载时,紧靠承压板下的混凝土在剪压作用下形成楔形体,楔形体沿着剪切滑移面的劈裂最终导致拱机构破坏。

剪切理论较合理地反映了混凝土局部承压的破坏机理及受力过程。

(4)A_l为局部承压面积(考虑在钢垫板中沿 45°刚性角扩大的面积),当有孔道时(对圆形承压面积而言)不扣除孔道面积;

A_b为局部承压的计算底面积,采用"同心对称有效面积法"确定;

A_{cor}为间接钢筋网或螺旋钢筋范围内混凝土核心面积,其重心应与A_l的重心重合,计算时按同心对称原则取值。

这三个面积指标应满足$A_b > A_{cor} > A_l$。在实际工程中,若出现$A_{cor} > A_b$,则应取$A_{cor} = A_b$。

(5)大量试验证明,配置间接钢筋不仅能显著提高局部承压区的承载力,而且能增大局部承压区的抗裂性。因此实际工程中混凝土构件一般都要求在局部承压区内配置间接钢筋。

局部承压区内配置间接钢筋可采用方格钢筋网或螺旋式钢筋两种形式。

间接钢筋宜选Ⅰ级钢筋,其直径一般为(8~10)mm。间接钢筋应尽可能接近承压表面布置,其距离不宜大于 35mm。

当间接钢筋为方格钢筋网时,钢筋网在两个方向上单位长度内钢筋截面面积之比不宜大于 1.5,且局部承压区间接钢筋网不应少于 4 层。当间接钢筋为螺旋式钢筋时,螺旋式钢筋不应少于 4 圈。

3. 计算题

略

第 11 章　深受弯构件

1. 判断题

(1)~(5)题:× ×√√√

(6)~(10)题:×√√×√

2. 简答题

(1)在工程上,依梁计算跨径l与梁高度h的比值l/h不同,将梁划分为一般受弯构件和深受弯构件。

$l/h > 5$的构件为一般受弯构件,$l/h \leq 5$的构件称为深受弯构件。

深受弯构件又可分为深梁和短梁:$l/h \leq 2$的简支梁和$l/h \leq 2.5$的连续梁定义为深梁;$2 < l/h \leq 5$的简支梁和$2.5 < l/h \leq 5$的连续梁定义为短梁。

钢筋混凝土深受弯构件因为其跨高比较小,在受弯作用下梁正截面上的应变分布和开裂后的平均应变分布不符合平截面假定,所以其破坏形态、计算方法与一般受弯构件有较大差异。

(2)深受弯构件又分为深梁和短梁,这两种梁的破坏形态有所不同。

①深梁的破坏形态主要有三类,即弯曲破坏、剪切破坏、局部承压破坏和锚固破坏。

a. 弯曲破坏

当纵向钢筋配筋率ρ较低时,会发生正截面弯曲破坏。

当纵向钢筋配筋率ρ稍高时,形成纵向受拉钢筋为拉杆、斜裂缝上部混凝土为拱腹的拉杆拱受力体系。受拉钢筋首先达到屈服而使梁破坏,称为斜截面弯曲破坏。

b. 剪切破坏

当纵向钢筋配筋率较高时,在梁出现许多大致平行于支座中心至加载点连线的斜裂缝,最后深梁腹混凝土先被压碎,这种破坏称为斜压破坏。

深梁产生斜裂缝之后,随着荷载的增加,主要的一条混凝土斜裂缝会继续斜向延伸。临近破坏时,在主要斜裂缝的外侧,突然出现一条与它大致平行的通长劈裂裂缝,随之深梁破坏。这种破坏被称为劈裂破坏。

c. 局部承压破坏和锚固破坏

深梁的支座处于竖向压应力与纵向受拉钢筋锚固区应力组成的复合应力作用区,局部应力很大,会发生混凝土局部承压破坏。

深梁在斜裂缝发展时,支座附近的纵向受拉钢筋应力增加迅速,因此,在支座处钢筋混凝土深梁容易发生纵向钢筋的锚固破坏。

②短梁的破坏形态主要有两类,即弯曲破坏和剪切破坏,也可能发生局部承压破坏和锚固破坏。

a. 弯曲破坏

随配筋率的不同,短梁的弯曲破坏分为超筋破坏、适筋破坏和少筋破坏,其破坏现象与普通梁类似。

b. 剪切破坏

根据斜裂缝发展的特征,钢筋混凝土短梁会发生斜压破坏、剪压破坏和斜拉破坏的剪切破坏形态。受集中荷载作用的钢筋混凝土短梁的试验与分析表明,剪跨比小于 1 时,一般发生斜压破坏;剪跨比为 1~2.5 时,一般发生剪压破坏;剪跨比大于 2.5 时,一般发生斜拉破坏。

短梁的局部受压破坏和锚固破坏情况与深梁相似。

短梁的破坏特征基本上介于深梁和普通梁之间。

(3)目前在工程中深受弯构件的计算方法有按弹性应力图形面积配筋法、基于试验资料及分析结果的公式法、拉压杆模型法、钢筋混凝土非线性有限元法。

按弹性应力图形面积配筋法以混凝土结构不开裂的弹性理论为基础。该方法的思路是,先按结构弹性理论方法得到结构的线弹性应力,再根据结构关注截面的拉应力图形面积,计算出拉应力合力,按拉力的全部或部分由钢筋承担的原则计算所需钢筋的用量。

公式法是基于不同加载和边界条件下深受弯构件的试验资料,根据观测到的构件破坏形态及结构力学特征测试数据,通过对主要影响因素的分析和归纳提出构件承载力及裂缝宽度计算公式。

拉压杆模型法是针对混凝土结构及构件存在的应力扰动区(指混凝土结构构件中截面应变分布不符合平截面假定的区域)提出的、反映其内部力流传递路径的桁架计算模型。

(4)盖梁是钢筋混凝土柱式墩台的主要受弯构件,在构造上钢筋混凝土盖梁是与墩柱直接连接在一起的。《公路桥规》对钢筋混凝土盖梁的计算规定如下。

①当盖梁的线刚度(EI/l)与柱的线刚度之比大于 5 时,双柱式墩台盖梁可按简支梁计算,多柱式墩台盖梁可按连续梁计算;当盖梁的线刚度与柱的线刚度之比等于或小于 5 时,可按刚构计算。

②当钢筋混凝土盖梁计算跨径 l 与盖梁高度 h 之比 $l/h>5$ 时,按钢筋混凝土一般受弯构件进行承载力计算;当盖梁的跨高比 l/h 为:简支梁 $2<l/h≤5$;连续梁 $2.5<l/h≤5$ 时,盖梁属于深受弯构件(短梁),按《公路桥规》推荐的公式法进行承载力计算。

钢筋混凝土柱式墩台的盖梁,除墩台柱之间一段外,往往还向柱外伸出悬臂段。当盖梁的悬臂段上设置有桥梁上部结构的外边梁时,如外边梁的作用点至柱边缘的距离等于或小于盖梁截面高度 h 时,盖梁的悬臂段应按悬臂深受弯构件计算。《公路桥规》中对钢筋混凝土盖梁的悬臂深梁推荐采用拉压杆模型进行承载力计算。

第 12 章　预应力混凝土结构的概念及其材料

1. 单项选择题

(1) ~ (5)题:BDACA

(6) ~ (7)题:DA

2. 判断题

(1) ~ (5)题:√√√√ ×

(6) ~ (10)题:× √ × × √

(11)题:√

3. 填空题

(1)需要带裂缝工作　无法充分利用高强材料的强度

(2)全预应力　有限预应力　部分预应力　普通钢筋混凝土结构

(3)先张法　后张法

(4)工作锚具　粘结力

(5)依靠摩阻力锚固的锚具　依靠承压锚固的锚具　依靠粘结力锚固的锚具

(6)钢绞线筋束

(7)快硬　早强

(8)应力大小　持荷时间　混凝土的品质　加载龄期　构件尺寸　工作环境

(9)高强度钢丝　钢绞线　精轧螺纹钢筋

4. 简答题

(1)普通钢筋混凝土构件由于混凝土的抗拉强度低,而采用钢筋来代替混凝土承受拉力。但是,混凝土的极限拉应变也很小,每米仅能伸长 $0.10 \sim 0.15$mm,若混凝土伸长值超过该极限值就要出现裂缝。如果要求构件在使用时混凝土不开裂,则钢筋的拉应力只能达到20 ~ 30MPa;即使允许开裂,为了保证构件的耐久性,常需将裂缝宽度限制在 $0.2 \sim 0.25$mm 以内,此时钢筋拉应力也只能达到 150 ~250MPa,可见高强度钢筋是无法在钢筋混凝土结构中充分发挥其抗拉强度的。

预应力混凝土结构构件必须采用强度高的混凝土,因为强度高的混凝土对采用先张法的构件,可提高钢筋与混凝土之间的粘结力,对采用后张法的构件,可提高锚固端的局部承压承载力。预应力混凝土构件的钢筋(或钢丝)也要求有较高的强度,因为混凝土预压应力的大小,取决于预应力钢筋张拉应力的大小,考虑到构件在制作过程中会出现各种应力损失,因此需要采用较高的张拉应力,也就要求预应力钢筋具有较高的抗拉强度。

(2)在结构承受外荷载之前,预先对其在外荷载作用下的受拉区施加压应力,以改善结构使用性能的这种结构形式称之为预应力结构。

有利于抵消使用荷载作用下产生的拉应力,因而使混凝土构件在使用荷载作用下不致开裂,或延迟开裂,或者使裂缝宽度减小。

(3)区别:①预应力混凝土结构中,混凝土的强度等级要高,钢筋的强度也要高;普通混凝土结构中采用高强材料不能充分应用。②预应力程度较高的预应力混凝土结构,性能如同均质弹性材料。而普通钢筋混凝土在使用荷载作用下的性能是非线性的。③预应力混凝土结构刚度大,挠度小,裂缝宽度小。④一旦预应力被克服后,预应力混凝土和普通混凝土结构就没有本质上的不同,因而正截面承载力是一样的;预应力混凝土梁的斜截面抗剪强度高于普通混凝土,因而预应力混凝土梁的腹板可做得较薄,大大减轻了自重。

预应力混凝土结构的优点:①提高了构件的抗裂度和刚度;②可以节省材料,减少自重;③可以减小混凝土梁的竖向剪力和主拉应力;④预应力可作为结构构件连接的手段,促进了桥梁结构新体系与施工方法的发展。

预应力混凝土的缺点:①预应力上拱度不易控制;②预应力混凝土结构的开工费用较大。

钢筋混凝土结构的主要优点:①取材容易;②合理用材;③耐久性好;④耐火性好;⑤可模性好;⑥整体性好。

钢筋混凝土结构的主要缺点:①自身重力较大;②抗裂性较差;③隔热隔声性能也较差。

(4)先张法、后张法

先张法和后张法的区别在于两者施加预应力的工艺、传递预应力方式及适用范围。

先张法相对后张法的制作要简单,而后张法的锚具不能够重复使用且制作工艺复杂。先张法适用于在预制厂大批制作中、小型构件,如预应力混凝土楼板、梁等。后张法适用于在施工现场制作大型构件,如预应力屋架、吊车梁、大跨度桥梁等。

第13章 预应力混凝土受弯构件的设计与计算

1.选择题

(1)~(5)题:CCCDC

(6)~(10)题:CBAAB

(11)~(15)题:BBDDD

(16)~(20)题:BCDBC

2.判断题

(1)~(5)题:×√×√√

(6)~(10)题:×××××

(11)~(15)题:××√√√

(16)~(20)题:××√√√

(21)题:√

3.填空题

(1)施工阶段 使用阶段 破坏阶段

(2)管道的弯曲 管道的位置偏差

(3)混凝土正应力 剪应力与主应力 钢筋的应力

(4)防止产生自受弯构件腹板中部开始的斜裂缝

(5)斜截面抗裂性

（6）偏心预加力引起的上挠度　外荷载所产生的下挠度

（7）预加力　内力偶臂

（8）$\sigma_{l2} + \sigma_{l3} + \sigma_{l4} + 0.5\sigma_{l5}$

（9）大

（10）反摩阻

4. 简答题

（1）是通过预应力钢筋与混凝土间的粘结作用传递给混凝土，使混凝土获得预压应力；

先张法构件预应力钢筋从应力为零的端部到应力为有效预应力的这一段长度，称为预应力钢筋的传递长度。

（2）张拉控制应力是指张拉预应力钢筋时所控制的最大应力值，其值为张拉设备所控制的总的张拉应力除以预应力钢筋面积得到的应力值。

从充分发挥预应力优点的角度考虑，张拉控制应力应尽可能地定得高一些，张拉控制应力定得高，形成的有效预压应力就高，构件的抗裂性能好，且可以节约钢材。但如果控制应力过高，会由于构件的延性较差，对后张法构件有可能造成端部混凝土局部受压破坏、预应力损失增大等缺点。张拉控制应力也不能定得过低，它应有下限值，否则预应力钢筋在经历各种预应力损失后，对混凝土产生的预压应力过小，达不到预期的抗裂效果。

（3）《公路桥规》将受弯构件的预应力度（λ）定义为由预加应力大小确定的消压弯矩 M_0 与外荷载产生的弯矩 M_s 的比值，即 $\lambda = M_0/M_s$。

根据国内工程习惯，我国对以钢材为配筋的配筋混凝土结构系列，采用按其预应力度分成全预应力混凝土、部分预应力混凝土和钢筋混凝土三种结构的分类方法。具体为：

①全预应力混凝土构件——在作用（荷载）短期效应组合下控制的正截面受拉边缘不允许出现拉应力（不得消压），即 $\lambda \geqslant 1$；

②部分预应力混凝土构件——在作用（荷载）短期效应组合下控制的正截面受拉边缘出现拉应力或出现不超过规定宽度的裂缝，即 $1 > \lambda > 0$；

③钢筋混凝土构件——不预加应力的混凝土构件，$\lambda = 0$。

（4）公路桥梁预应力混凝土构件设计中需考虑的钢筋预应力损失为：

①预应力筋与管道壁之间的摩擦引起的应力损失；

②锚具变形、钢筋回缩和接缝压缩引起的应力损失；

③钢筋与台座间的温差引起的应力损失；

④混凝土弹性压缩引起的应力损失；

⑤钢筋松弛引起的应力损失；

⑥混凝土收缩和徐变引起的应力损失。

减小相应损失的方法：

①可采用一端张拉另一端补拉，或两端同时张拉；也可采用超张拉。

②应尽量少用垫板；先张法采用长线台座张拉时损失小，而后张法中构件长度越大则损失越小；也可采用两端同时张拉预应力筋的方法。

③通常采用两阶段升温养护来减少温差损失；在钢模上生产预应力构件时，钢模和预应力筋同时被加热，无温差，则该项损失为零。

④对前批预应力钢筋补充张拉。

⑤采用超张拉工艺;采用低松弛的高强钢材。

⑥加强养护,使用收缩徐变小的混凝土材料。

(5)先张法构件和后张法构件的第一批损失及第二批损失的组合如下表所示。

先张法和后张法构件第一批及第二批损失组合

预应力损失值的组合	先张法构件	后张法构件
传力锚固时的损失(第一批)σ_{lI}	$\sigma_{l2} + \sigma_{l3} + \sigma_{l4} + 0.5\sigma_{l5}$	$\sigma_{l1} + \sigma_{l2} + \sigma_{l4}$
传力锚固后的损失(第二批)σ_{lII}	$0.5\sigma_{l5} + \sigma_{l6}$	$\sigma_{l5} + \sigma_{l6}$

(6)预应力钢筋的有效预应力 δ_{pe} 为预应力钢筋锚下控制应力 δ_{con} 扣除相应阶段的应力损失 δ_l 后实际余存的预拉应力值。

永存预应力是混凝土构件使用阶段,各项预应力损失将相继全部完成,最后在预应力筋中建立相对不变的预应力,并将此称为永存预应力。

(7)构件仅在永存预加力 N_p(即永存预应力 σ_{pe} 的合力)作用下,其下边缘混凝土的有效预压应力为 σ_{pc}。当构件加载至某一特定荷载,其下边缘混凝土的预压应力 σ_{pc} 恰被抵消为零,此时在控制截面上所产生的弯矩 M_0 称为消压弯矩。

$$M_0 : M_0 = \sigma_{pc} W_0$$

式中:σ_{pc}——由永存预加力 N_p 引起的梁下边缘混凝土的有效预压应力;

W_0——换算截面对受拉边的弹性抵抗矩。

(8)构件偏心受压时最大受压纤维处的毛截面反抗矩 W_1 与截面面积 A 之比值。

预应力束界是借用了截面核心距的物理概念。当预加力作用在上核心时,截面下缘就不出现拉应力;作用在下核心时,截面上缘不出现拉应力。因而在支点因无外载弯矩,束筋布置的界限可在上核心到下核心之间。

(9)钢筋在一定拉应力值下,将其长度固定不变,则钢筋中的应力将随时间延长而降低,一般称这种现象为钢筋的松弛或应力松弛。

超张拉下短时间内发生的损失在低应力下需要较长时间,短时间超张拉可使相当一部分松弛损失发生在预应力筋锚固之前,则锚固后损失减小。

(10)因为在施工阶段,先张法构件放松预应力钢筋时,由于粘结应力的作用使混凝土、预应力钢筋和非预应力钢筋共同工作,变形协调,所以采用换算截面 A_0;而对于后张法构件,构件中混凝土和非预应力钢筋共同工作良好,预应力钢筋较差,且预应力是通过锚具传递,所以采用净截面 A_n。

(11)①箍筋:箍筋与弯起预应力钢筋同为预应力混凝土梁的腹筋,与混凝土一起共同承担着荷载剪力;

②水平纵向辅助钢筋:沿腹板两侧设置水平纵向辅助钢筋起缩小裂缝间距,防止腹板裂缝较宽的作用;

③局部加强钢筋:对于局部受力较大的部位,应设置加强钢筋,如"马蹄"中的闭合式箍筋和梁端锚固区的加强钢筋等,除此之外,梁底支座处亦设置钢筋网加强,起防止预应力对锚后混凝土产生应力集中而开裂,提高锚后混凝土强度,共同抵抗局部较大预应力作用;

④架立钢筋与定位钢筋:架立钢筋是用于支撑箍筋的,和箍筋起骨架作用;定位钢筋起固定预留孔道制孔器位置的作用。

(12)锚固区内混凝土处于三向应力状态,除沿构件纵向的压应力 δ_x 外,还有横向应力 δ_y,后者在距端部较近处为侧向压应力而较远处为侧向拉应力。当拉应力超过混凝土的抗拉强度时,构件端部将出现纵向裂缝,甚至导致局部受压破坏。

因此应对构件进行端部截面尺寸验算和构件端部局部受压承载力计算;

当不满足要求时应加大构件端部尺寸,调整锚具位置和混凝土与钢筋的强度等级或增大垫板厚度等。

(13)在后张法预应力混凝土构件中,预应力钢筋张拉锚固后宜采用专用压浆料或专用压浆剂配制的水泥浆进行孔道压浆,以免钢筋锈蚀并使预应力钢筋与梁体混凝土结合为一整体。预留灌浆孔是用来接压浆泵使水泥浆在一定的压力下压入孔道中。出气孔是浆液进入管道时起排气和检查压浆是否已满的作用,若在压浆时不及时排气使预留孔道中存在空隙,浆液不能填充整个管道。

(14)全预应力混凝土在使用荷载作用下,构件截面混凝土不出现拉应力,为全截面受压,称为全预应力混凝土。

部分预应力混凝土:在使用荷载作用下,构件截面混凝土允许出现拉应力或开裂,但对裂缝宽度加以限制。

无粘结预应力:是指预应力筋收缩、滑动自由,不与周围混凝土粘结的预应力混凝土结构。

(15)从提高预应力钢筋的利用率来说,张拉控制应力 σ_{con} 应尽量定高些,使构件混凝土获得较大的预压应力值以提高构件的抗裂性,同时可以减少钢筋用量。但 σ_{con} 又不能定得过高,以免个别钢筋在张拉或施工过程中被拉断,而且 σ_{con} 值增高,钢筋的应力松弛损失也将增大。另外,高应力状态使构件可能出现纵向裂缝;并且过高的应力也降低了构件的延性。因此,σ_{con} 不宜定得过高,一般宜定在钢筋的比例极限以下;

钢筋张拉数量不是越多越好,在满足结构受力要求下,张拉数量尽可能少,以提高钢筋利用率。

因为承受外荷载之前预应力混凝土构件的受拉区已有预压应力存在,所以外荷载作用下,只有当混凝土的预压应力被全部抵消而受拉且拉应变超过混凝土极限拉应变时,构件才会开裂。而普通钢筋混凝土构件中不存在预压应力,其开裂荷载的大小仅由混凝土的极限抗压强度决定,因而抗裂能力很低。

(16)因为预应力混凝土轴心受拉构件的极限承载力 N_u 公式与截面尺寸及材料均相同的普通钢筋混凝土构件的极限承载力公式相同,而与预应力的存在及大小无关,即施加预应力不能提高轴心受拉构件的极限承载力,但后者因裂缝过大早已不能满足使用要求。

(17)①预应力筋要求高强度:不采用高强度预应力筋(如普通钢筋建立预应力),就无法克服由于各种因素所造成的应力损失,也就不可能有效地建立预应力;

②预应力筋要求良好的塑性:保证结构构件在破坏之前有较大的变形能力,必须保证预应力钢筋有足够的塑性性能;

③预应力筋要求较好的粘接性能:混凝土和预应力筋之间有良好的粘结力,使两者能够有效地结合成一个整体,在荷载作用下能够很好地共同变形,完成其结构功能;外包在预应力筋

外面的混凝土,起着保护钢筋免遭锈蚀的作用,保证了两者的共同作用。

(18)当 δ_{pe} 为零时,由于先张法预应力钢筋的应力 δ_p 为:

$$\delta_p = \delta_{con} - \delta_l$$

而后张法构件预应力筋应力 δ_p 为:

$$\delta_p = \delta_{con} - \delta_l + \alpha_{pe}\delta_{pcII}$$

由公式比较发现,二者不同,在给定条件下,后张法中预应力钢筋中应力大一些。

(19)在后张法构件中,在端部控制局部尺寸和配间接钢筋是为了防止局部混凝土受压开裂和破坏;

在确定 β_l 时, A_b 和 A_l 不扣除孔道面积是因为二者为同心面积,所包含的孔道为同一孔道;

两者的不同在于局部验算是保证端部的受压承载能力,未受载面积对于局部受载面积有约束作用,从而可以间接地提高混凝土的抗压强度;而轴压验算是保证整个构件的强度和稳定。

5.计算题

略

第14章　部分预应力混凝土受弯构件

简答题

(1)节省预应力钢筋与锚具,与全预应力混凝土结构比较,可以减少预加力,因此,预应力钢筋用量可以大大减少;改善结构性能,由于预加力的减少,使构件的弹性和徐变变形所引起的反拱度减小,锚下混凝土的局部应力降低,构件未裂前刚度较大,而开裂后刚度降低,但卸荷后,刚度部分恢复,裂缝闭合能力强,故综合使用性能优于普通钢筋混凝土,部分预应力混凝土构件,由于配置了非预应力钢筋,提高了结构的延性和反复荷载作用下结构的能量耗散能力,这对结构的抗震极为有利。

(2)部分预应力混凝土受弯构件的设计内容包括:以确定所需的预应力钢筋,非预应力钢筋的面积及其布置为主要计算目标的截面设计;对初步设计的梁进行承载能力极限状态计算(截面复核)和正常使用极限状态计算(截面验算)。

(3)部分预应力混凝土结构指构件在作用(或荷载)频遇组合下控制的正截面受拉边缘出现拉应力或出现不超过规定宽度的裂缝的预应力混凝土结构,其 $1 > \lambda > 0$ 。

《公路桥规》将受弯构件的预应力度(λ)定义为由预加应力大小确定的消压弯矩 M_0 与外荷载产生的弯矩 M_s 的比值,即

$$\lambda = \frac{M_0}{M_s}$$

①全预应力混凝土构件: $\lambda \geqslant 1$;

②部分预应力混凝土构件: $1 > \lambda > 0$;

③钢筋混凝土构件: $\lambda = 0$ 。

(4)无粘结预应力混凝土中无粘结预应力筋的应力计算不像有粘结预应力混凝土那样,预应力筋由外荷载引起的应变不能根据相应截面的混凝土的应变求得。由于无粘结筋的变形

不服从平截面变形假定。因此,由于外荷载产生的无粘结筋的应力计算比较复杂。无粘结预应力筋在承载能力极限状态下的应力增量是无粘结梁的抗弯强度以及强度设计中的一个重要指标。

(5)《公路桥规》将部分预应力混凝土构件分为两类:当对构件控制截面受拉边缘的拉应力加以限制时,为 A 类预应力混凝土构件。当构件控制截面受拉边缘拉应力超过限值直到出现不超过限值宽度的裂缝时,为 B 类预应力混凝土构件。

(6)允许开裂的 B 类预应力混凝土受弯构件与全预应力混凝土受弯构件在使用阶段的计算不同点在于截面已开裂,B 类预应力混凝土梁截面开裂后仍具有一个良好的弹性工作性能阶段,即开裂弹性阶段。与全预应力混凝土结构相比,部分预应力混凝土结构可以减小预加力,预应力钢筋数量可以大大减少。由于预加力的减少,构件由弹性变形和徐变变形所引起的反拱度减少,锚下混凝土的局部应力降低。

主要应用范围:采用全预应力混凝土结构还是采用部分预应力混凝土结构,应根据结构的使用要求及工程实际来选择。对于自重作用(恒载)效应相对于可变作用效应较小的结构,例如中、小跨径的桥梁,其主梁就适宜采用部分预应力混凝土结构。总之,是采用全预应力还是部分预应力都应根据安全、适用、经济、合理的原则,因地制宜地选用。

(7)已知截面尺寸、材料设计强度、控制截面弯矩设计值

①计算混凝土毛截面的几何特性 A、I、W 和 y_x。

②假定预应力钢筋的合力作用点 a_p,求偏心距 e_p;假定预应力钢筋和非预应力钢筋合力作用点 a,计算截面有效高度。

③选择预应力度(λ 参考值一般为 $0.6 \sim 0.8$)。

④由式 $A_p = \dfrac{N_{pe}}{\sigma_{con} - \sigma_1}$ 求所需的预应力钢筋数量 A_p。

⑤联立求解

$$f_{cd}bx = f_{pd}A_p + f_{sd}A_s$$

$$\gamma_0 M_d = f_{pd}A_p \left(h - a_p - \frac{x}{2} \right) + f_{sd}A_s \left(h - a_s - \frac{x}{2} \right)$$

得到所需的非预应力钢筋数量 A_s。

选择钢筋直径、根数,按照正截面抗弯承载能力要求,进行截面复核。

(8)提高构件的抗疲劳性能,因为具有预应力的钢筋,在使用阶段因加荷载或卸荷载所引起的应力变化幅度较小,故此可提高构件的抗疲劳强度,有利于结构承受动荷载。

(9)①协助受力

②承受意外荷载

③改善梁的正常使用性能和增加梁截面的承载力。

参 考 文 献

[1] 中华人民共和国行业标准. JTG 3362—2018　公路钢筋混凝土及预应力混凝土桥涵设计规范[S]. 北京:人民交通出版社股份有限公司,2018.

[2] 中华人民共和国行业标准. JTG D60—2014　公路工程技术标准 [S]. 北京:人民交通出版社,2014.

[3] 中华人民共和国行业标准. JTG D60—2015　公路桥涵设计通用规范 [S]. 北京:人民交通出版社股份有限公司,2015.

[4] 中华人民共和国国家标准. GB 50162—92　道路工程制图标准 [S]. 北京:中国标准出版社,1992.

[5] 叶见曙. 结构设计原理[M]. 4 版. 北京:人民交通出版社股份有限公司,2018.

[6] 范立础. 桥梁工程(上册)[M]. 3 版. 北京:人民交通出版社股份有限公司,2017.

[7] 姚玲森. 桥梁工程[M]. 2 版. 北京:人民交通出版社,2008.

[8] 涂凌、彭在萍.《结构设计原理》习题及课程设计[M]. 自编教材,2005.

[9] 叶见曙. 结构设计原理计算示例 [M]. 北京:人民交通出版社,2007.

[10] 陈礼和. 水工钢筋混凝土结构学习辅导及习题[M]. 北京:中国水利水电出版社,2009.

[11] 易建国. 混凝土简支梁(板)桥[M]. 北京:人民交通出版社,2001.

[12] 赵鲁光. 水工钢筋混凝土结构习题与课程设计 [M]. 北京:中国水利水电出版社,1998.

人民交通出版社股份有限公司公路教育出版中心
土木工程/道路桥梁与渡河工程类本科及以上教材

注：◆教育部普通高等教育"十一五"、"十二五"国家级规划教材
　　▲建设部土建学科专业"十一五"、"十三五"规划教材

教材详细信息,请查阅"中国交通书城"(www.jtbook.com.cn)
咨询电话:(010)85285865
道路工程课群教学研讨 QQ 群(教师) 328662128　　桥梁工程课群教学研讨 QQ 群(教师) 138253421
交通工程课群教学研讨 QQ 群(教师) 185830343